新裝版

3 小時讀通

基礎

機械
設計

國立臺灣大學 機械系副教授

門田和雄 著　　**劉霆** 審訂　　　**陳怡靜** 譯

世茂出版

序

現在，世界正面臨著巨變，物品製造將在未來產生巨大轉變。截至目前為止，一般人所使用的物品，多是工廠大量生產的製品。然而，近年來「自造者與創客（Maker）」不斷增加，他們不屬於大企業，而是以個人為單位來製造物品。由個人或少數人創建的公司，不必使用成本很高的模具，即可藉由3D列印等方式，建立只接數百張或數千張訂單的一人工廠。即使只由一個人設計，也有辦法找到能夠實現這個創意的夥伴，並大量生產。

以前就有自己製作物品的人，以 "Do it yourself" 為口號；但這幾年流行的想法是 "Do it with others"，意指不是自己獨力做出物品，而是與同伴一起，共享製作技術。

近年來，國際上出現一個稱作「Fablab」的全民工坊，在網路上蔓延開來。那裡提供多樣化的工作機械，包含數位與類比的機械，讓人們能夠製造各式各樣的物品。這種數位製造實驗室所推行的不只是物品製造，聚集於此的人也不只是消費者，而是想自行生產物品的生活玩家。這裡形成了人們可

以自行製造物品，在使用的過程中不斷改良，甚至自己修復物品的文化。

機械男

電子女

技術教授

由 Fablab 的使用人數增加情形來看，物品製造與設計的過程可能會產生本質上的革新。

還沒有獨力完成過物品製造的人，若想從頭開始學習物品製造，將會遇到許多困難。應該有不少人煩惱著：「在哪裡學物品製造比較好？」

二〇〇八年我委託日本出版社出版《從基礎學機械工程》，很感謝它能再版。而本書乃延續前本著作，匯集了物品製造的基礎知識，希望對物品製造領域做出實際的貢獻。本書本著 "Do it with others" 的精神，希望能提供想從事物品製造的人協助，也希望各位讀者能充分運用本書。

本書是以虛構的大學「物品製造工科大學」（Monozukuri Institute of Technology）為背景，故事的主角為大學二年級的機械男和電子女，如同他們的名字，他們一個主修機械，一個主修電子。但他們都有輔修，機械男的輔修為電子，電子女的輔修為機械。本書故意安排這樣交錯的學習背景，讓這兩位學生不只是努力去掌握相關知識與技術，也想要與對方一起學習。

門田和雄

CONTENTS

CONTENTS

第1章
開始設計

如今，世界正要發生巨變，物品製造即將迎來革新。本章概括性地討論，面臨這樣的時代，我們應該要從哪些方面下手，學習機械設計。

關於設計

⬡ 機械設計等於科學的思考加組合元件的技術

機械就是「可以接收能量，且做出預設動作、完成某些任務的機器」。此外，以機械工程為基礎的**機械設計**，意指「製作一個有形體且會動的物品，並預期它對世界有所幫助」。為了使機械自動化，達到上述目的，我們必須創造電子迴路，也需要電腦控制。

然而，人類一開始是為了什麼而設計的呢？拉丁文有Homo faber（意指創造者）這樣的辭彙，代表人類與其他動物的區別在於人會「**製造**」。由此可知，人類是知性與製造能力的結合。就算不想得這麼高尚，你也可以觀察孩子們的活動，你會發現不論是玩沙子或積木，「製造」是人類與生俱來的能力。

大家總有「想做出物品」的想法吧？想創造空前絕後的物品，這樣的「製作物品」行為是非常有創意的活動。然而，這與藝術的相異點在於，製作物品不只需要感性。

要設計會動的機械，必須思考「以每秒幾公尺[m]前進？」「可以承受幾牛頓[N]的力量？」為了達到「以每秒10公分[cm]的速度直線前進」或是「可以承受100[N]的力量」等目標，以具體的數值來表示是必要的。

　　這些事項並非只有一個人單獨執行全部製作過程才須注意，群體協力製作以及向外部廠商下訂單，都必須注意。也就是說，機械設計必須「以科學的方式思考，利用技術組合元件」。

◉ 數位製作的浪潮來襲

　　以目前的狀況來說，雖然設計可視為純屬個人的活動，但要將設計製成實體，即使可做出最棒的試作品，也不太可能大量生產銷往全世界，因為量產需要模具等高價品，必須有巨額的投資。

　　然而，近年來**數位製造**的潮流發展迅速，人們只要以數位的方式處理資料，並使用雷射加工機或3D列印機等數位機器，就能進行一部分的加工。當然，並非使用數位機器就能輕易為所有物品加工，但物品製造的門檻的確已經越來越低了。

　　原本只為自己製作的物品，越來越容易多製作一點，推廣至周邊的人。我不是指一次要製作一萬個，而是指可以製作一定的量，寄送給他人。此外，現在已有越來越多人製造專屬於自己、獨一無二的物品，設計的多樣性也越來越豐富！

　　無論在什麼情況下，機械設計的前期階段必須抱著「無論如何都想做看看這樣的物品」的強烈想法，而且為了實現這個想法，必須多方面思考如何設計。

　　現在，讓我們一起透過「物品製造工科大學」的故事來了解機械設計吧！

圖1　物品製造工科大學的外觀

你好！我是主修機械的二年級生，機械男。我很喜歡製造東西，正在學習多種知識。我並不討厭理論喔！你問我比較喜歡理論還是實務嗎？我還是比較喜歡實際操作，來製作具體且會動的機械！因為這當中充滿機械帶來的樂趣啊。我和同班的同學加入了機器人研究會，而我主要負責機械設計，目前正要學習微電腦控制，還請多多指教。

機械男

電子女

你好！我是主修電子的二年級生，電子女。我非常喜愛跟電有關的知識，而且學過電子迴路和電磁學。接下來，我想將所學的技術運用在實際的物品製造，而試著做出多種實用的物品。我雖然和機械男一樣加入了機器人研究會，但我還是初學者。未來我想學微電腦控制，並在機器人身上搭載聲音與燈光的功能，請多多指教。

◆ 新生訓練

　　今天，二年級的導師要學生聚集在大講堂，準備說明二年級的課程內容。一年級所學的數學與物理等科目，是為了二年級正式學習機械工程而準備的基礎科目，所以要認真學習。此外，一年級每週會有一次基礎的實驗與實習課程，必須穿白色工作服專心學習，同時訓練寫報告的技巧。而從二年級開始要更正式地學習機械和電子等專業科目，所以機械男和電子女都興致勃勃，期待著這些課程。

技術教授

各位早安！我是技術推廣處的處長，是你們新學期的導師。本校身為工科大學，所編制的教學計畫不只重視理論，還特別重視實驗與實習，二年級生會正式學習專業的知識。本推廣處為了讓各位確實學習各種知識和技術，成為優秀的工程師，編了這一套教學計畫。接下來，請仔細聽每位課長的說明，了解今後將要學習的課程，請多多指教。

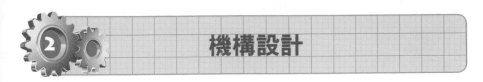

機構設計

● 機構設計

　　機械一定具有**會動的部分**，稱作**機構**。設計動作原理，使這些動作達成某些任務，就是機械設計的樂趣所在。設計動作原理就是以物理的方式使機構得以運動，以運動的方向與大小表示物體的位置、速度與加速度等物理量。運動的類型以旋轉運動和直線運動為代表，此外還有結合這兩者的曲面運動。

　　學過物理力學就能用數值表示運動的量，但無法具體構思機構的構造。學習機構的捷徑是分析前人留下來的各種機構模型，熟悉這些動作原理之後，即可構思具體的運動步驟，組合數個機構，創造出可解決問題的機構。

　　第2章會具體說明機構設計。

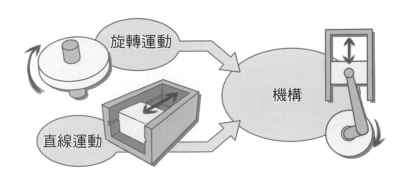

圖2　以動作原理思考機構

結構設計

機械設計最受矚目的環節是機構設計，然而一台機械並非每一個部分都會動，還有很多不會動的部分支持著會動的機械。利用不會動的部分來固定、支持會動的機構，即可使機械做出適當的動作。因此不會動的部分，亦即**結構設計**，也很重要。

如果不會動的結構沒有支持會動的機構，這個機械會變形，甚至嚴重損壞。為了避免這樣的情況，我們必須先從力學的角度來分析機械的各部位需要多少力才能動作。重要的是，必須先理解哪個部位需要最大的力。

或許有人會認為「只要能製作堅固而不會損壞的材料，即可做出堅固的機械」，但世界上沒有絕對不會損壞的材料。因此，必須事先估算作用於材料的力，來設計結構，才會成功。

第3章會具體說明結構設計。

拉伸　　剪斷　　壓縮　　彎曲

圖3　沒有絕對不會損壞的材料

材料設計

　　製造機械所使用的材料有：以鐵為主的金屬材料、塑膠材料、陶瓷材料等。機械設計者通常會從這些已知的材料中，選出適合的材料，但如果這些材料不符合需求，例如強度和耐熱性不足等，則需要思考如何研發新材料。

　　負責研發新材料的是材料研究者，他們和進行機械設計的人有許多差異。然而，他們開發出的新材料，例如強度材料、耐熱性材料與耐腐蝕性材料等，會交由機械設計研究者評估材料的性質是否實用。

　　結構設計是學習如何用材料做出形體，而**材料設計**則是學習如何研發新材料。在設計機械的過程中，希望各位都能善加利用材料，使各種材料充分發揮性能。

　　第4章會具體說明材料設計。

圖4　掌握各種材料的特性

元件設計

● 機械元件

　　每一個構成機械的零件，皆稱為**機械元件**。各種機械彼此之間都具有很多相同的機械元件。大部分機械元件的規格都遵守各國的規範，例如國際標準組織(ISO)的國際標準規範，以及日本工業規範(JIS)等。螺絲釘、齒輪、皮帶、鏈條、軸、軸承、聯軸器與彈簧都是標準機械元件。元件與元件的接合主要是使用螺絲釘，旋轉運動的傳送則需要齒輪、皮帶與鏈條。這些機械元件不是每一次需要時，就得從頭製作，大部分的情況是從已經做好的規格品中，選用適當的機械元件。而規格品齊備代表具有互換性，可以隨意交換元件。為了適當選擇各種機械元件，必須先了解各個機械元件的結構與種類，以及強度計算等基礎知識。

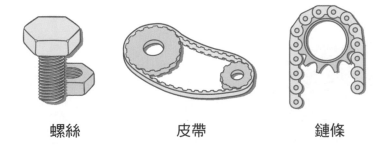

螺絲　　　　　　　皮帶　　　　　　　鏈條

圖5　機械元件

⬡ 電子元件

　　電子迴路常使用的共通元件包括各種開關、感測器、二極
體、電晶體等。由各式各樣的元件組成，並執行某些任務的機
械，幾乎都內建了電子迴路，並根據電腦發出的訊號來作動。而
且，除了能產生旋轉運動的各種電動馬達，以壓縮空氣或油壓產
生往復運動的氣壓缸、油壓缸等，也是機械設計不可或缺的。

　　就像電子技術與機械技術組合而成的「電機」一樣，為了達
到機械的高性能與自動化，電子元件的知識也是不可或缺的。當
然除了電子元件的動作原理與特性，也必須了解電子迴路的理
論，甚至要學習如何控制工程。

　　第5章會具體說明元件設計。

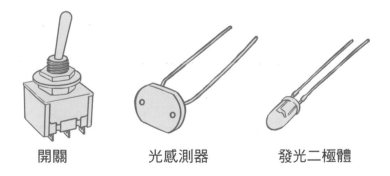

　　　開關　　　　　光感測器　　　　發光二極體

圖6　電子元件

電路設計

　　多數的機械都是用電子訊號來驅動的。最基礎的電路就是連接開關、電池、燈泡、點亮燈泡，但電路可以進一步發展出高性能與自動化的功能。雖然這需要運用物理學的歐姆定律與基爾霍夫定律等，但本書只會盡量將這些原理實際應用於電路，使必要的電子元件適當地動作。例如，電壓2.5V剛好可以點亮的紅色發光二極體，若施加5.0V的電壓，就會立刻燒焦損壞。

　　電路設計的目的是要控制機械的運動，大致分為數位電路設計與類比電路設計。數位電路設計將電子訊號轉換為0和1的數位訊號，驅使AND、 OR、 NAND、 NOR、XOR、NOT等邏輯運算，以處理資訊。類比電路設計則會進行類比訊號的處理，而類比訊號是指把來自感測器的連續物理量，以定量來表示。

　　第6章會具體說明電路設計。

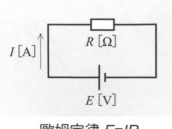

歐姆定律 $E=IR$

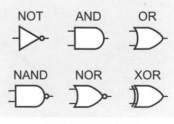

邏輯電路符號

圖7　歐姆定律與邏輯電路符號

為了設計會動的機械，我知道自己必須學很多東西。雖然課程分為機構設計、結構設計與元件設計等，但最後一定要將這些「全部」記在腦中，才能做出好的設計。

我聽過「最佳設計」這個詞，但是「設計」並不是要求數學的精確解答，而是要檢討優先順序與限制條件等，找出數個參數的適當數值。

有時刪除一個條件，即無法滿足另一個條件，例如我們很難兼顧輕與堅固這兩個條件。通常東西變輕，強度就會變差吧！所以我們必須學習許多學問，多方考量。

因為我主修電子，所以常會迷失學習機械設計的方向，而且機械設計課程很有趣，所以我才想選修幾門課，來了解一下。

因為電路設計等和電子有關，所以有電子女在，令人感到很踏實！想做出厲害的機器人，不應區分機械與電子，必須廣泛地吸收這些知識喔。

機械設計是科學嗎？

機械設計屬於理科，必須常使用數學和物理等學問。然而，你不用把機械的草圖畫得非常仔細，請放大你的想像力！而且，設計到一定程度，必須決定具體尺寸與材料時，一定會需要數學與物理的知識。但是設計過程所用到的計算，不會像學校考試一樣，必須限時求解，只要會常用的基本公式，將數字套進公式計算即可。而且計算所導出的數值並不是唯一的答案，而是會有很多參考數值。以強度計算為例，即必須從各方面來設計，找到最後的平衡。

此外，有時你雖然依照步驟組裝了機械，機械卻不能順利動作。此時，若你毫無計畫地改良，可能會越搞越糟。你必須仔細觀察現況，測量重要元件的尺寸，並運用物理和數學原理來檢討改善方法。

由此可知，以科學的方式思考，亦即科學觀點，雖然很重要，也不可欠缺身體力行、親自接觸技術操作的能力。所以請將科學與技術的思維同時記在腦中，持續地努力吧！

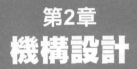

第2章
機構設計

機械設計的樂趣就在於利用物理原理，使動作得以實現。
不管是多複雜的動作，幾乎都是由簡單的機構組裝而成，
所以我們先學基礎的知識吧。

機械運動

⬡ 機械元件

　　機械的**運動**有許多種,表面上看似複雜的動作都能透過組合多個基本的運動來構成。而基本的運動包括:在圓周上移動的**旋轉運動**,以及在直線上移動的**直線運動**。多數的機械皆以這些運動為基礎,例如引擎與馬達即是旋轉運動。動作較大的旋轉運動可藉由齒輪等機械元件,來改變運動的方向與大小。

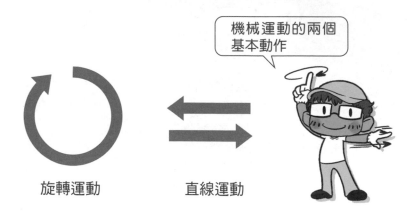

機械運動的兩個
基本動作

旋轉運動　　　　直線運動

圖 1　機械運動

　　舉例來說,「汽車以時速 40km 直線前進」就是一種直線運動。此時,汽車本身進行的是直線運動,但四個輪胎進行的是旋轉運動,引擎則是將爆發力轉換為直線運動。由此可知,其實機械的直線運動並非單純的直線前進,還包含了很多在某個範圍內來來回回運作的運動,這稱作**往復直線運動**。

　　此外，維持一定速度的直線運動稱作**等速直線運動**；維持一定速度的旋轉運動則稱作**等速旋轉運動**；維持一定加速度的直線運動稱作**等加速度直線運動**。這裡的速度是指每單位時間的移動距離，加速度是指每單位時間的速度變化。

　　在曲面上移動的曲線運動也被應用於機械，完成難度不一的各種動作。順帶一提，朝水平方向拋出的運動，或朝斜向拋出的運動，都稱作**等加速度曲線運動**。

雲霄飛車進行複雜的曲線運動

圖 2　曲線運動的例子

速度的常用單位為 [m/s]，加速度的常用單位為 $[m/s^2]$。等速旋轉運動的速度單位是 $[min^{-1}]$ 與 [vpm]，代表每一分鐘的旋轉速度。此外，兩個圓周大小不同的旋轉運動，即使中心點的旋轉速度是相同的，在圓周上的**周速度**仍舊不同，請特別注意這一點。

$$\text{周速度 } v[m/s] = \frac{\text{旋轉運動的直徑} D[mm] \times 3.14 \times \text{旋轉速度} N[min^{-1}]}{1000 \times 60}$$

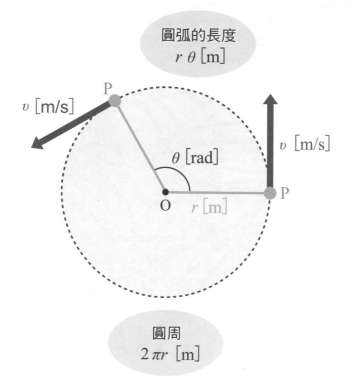

圖 3　周速度示意圖

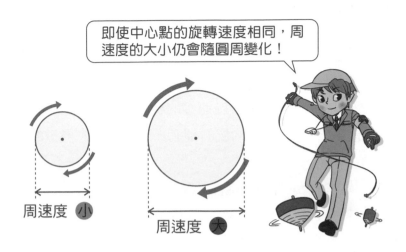

圖 4　周速度隨圓周大小改變

　　此外，現實中的運動其實是在立體空間當中運作的三維度運動。

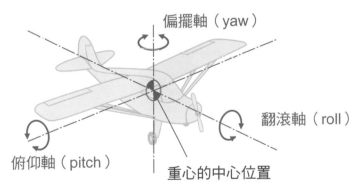

圖 5　三維度運動

　　設計機械運動必須先確定你要的是哪一種運動，並且用具體數值來表現運動的大小、速度或加速度。也就是說，機械設計的第一步需將自己想要的機械運動具體化。

⬡ 運動的傳遞

　　大部分的運動傳遞皆從引擎和馬達的旋轉運動開始，再透過各個機構產生設計者所要的運動。舉例來說，汽車是將汽油的爆發力轉換為曲軸的旋轉力，再透過連接的機構（參照 P.44）與齒輪等機械元件，最終產生輪胎的旋轉運動。也就是說，機械的運動是有**傳遞**順序的。

　　構成機構的主要元件稱作**機件**，又分為**原動件**與**從動件**兩種。原動件是使機構可以動作的部分，而從動件只是受原動件牽動。機構就是組合數個原動件與從動件，來產生看似複雜的動作。

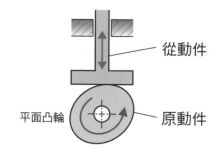

圖 6　原動件與從動件

　　初學者設計機械常會把注意力放在從動件，其實應該回歸到原動件。很多人會先思考從動件，再回推原動件該如何設計，因而失敗。所以決定要採用引擎的原動件或馬達的原動件之後，一定要先思考原動件的設計，再推敲從動件的設計。

◉ 運動的轉換

　　原動件產生的運動經過整個機構的轉換，最後由從動件輸出設計者所要的運動，即為**運動的轉換**。也就是說，我們可以透過機構來改變運動的種類與力量大小。此處說的機構並不是具體的物品，而是一個概念，意指各種機件所構成的系統（如下圖）。

　　什麼機構可以將旋轉運動的速度調為兩倍大呢？什麼機構可以將旋轉運動轉換為往復運動呢？

　　第 5 章會說明機械元件，這一節只是希望大家先體會一下機械設計的樂趣。

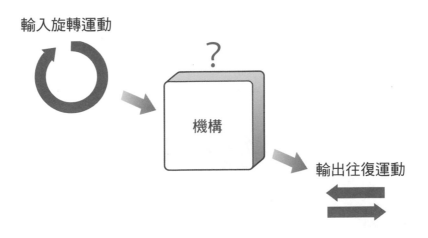

輸入旋轉運動

？

機構

輸出往復運動

圖 7　運動的轉換

這樣看下來，原來我只懂得機械設計的皮毛啊！真想快點深入學習！

但是機械設計的物理原理好像很難耶！

的確，但要設計出會動的機械，一定要先理解這些原理。

「機構」這個詞聽起來很了不起呢！但是，其實機構只是一個概念，而不是一個具體的元件！

沒錯！充分掌握機構這個概念，並運用到自己的設計，即可設計出獨一無二的機械！似乎非常有趣喔！

但我有點擔心自己能不能設計出來呢……

沒問題！沒問題的！只要想做就可以做出來。

嗯，只要想做，就做得到！

我們一起努力吧！

請大家多多指教！

機構設計

� 將旋轉運動轉換為往復運動的機構

設計課題 1

　　請設計轉動圓筒側邊轉軸，玩偶就會進行往復直線運動的
機構，如下圖。

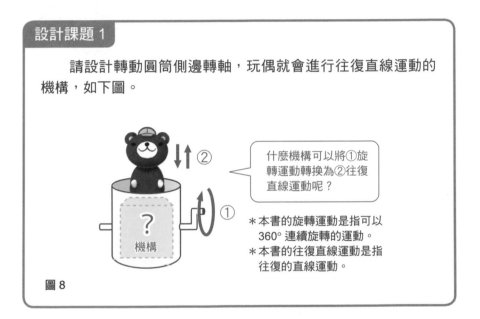

什麼機構可以將①旋
轉運動轉換為②往復
直線運動呢？

＊本書的旋轉運動是指可以
　360° 連續旋轉的運動。
＊本書的往復直線運動是指
　往復的直線運動。

圖 8

　　其實我們身邊有很多機械都會將旋轉運動轉換為往復直線運
動。例如，機器人的手臂可以抓住東西往上舉，即是將馬達的旋
轉運動，轉換為往復直線運動。

　　但是，初學者要設計機器人手臂是很難的，因此本書將以簡單
的設計課題為主，因為複雜的機構基本上都是由好幾個簡單的機
構組合成的。因此，我們先從簡單的機構設計開始學吧！

電子女

　　可以在旋轉軸上安裝蛋形零件（凸輪），將玩偶的底部靠
在蛋型零件上，旋轉不規則形狀的蛋形零件，進而使靠在蛋型
零件上的玩偶上下移動（往復直線運動）。

蛋型的凸輪

圖9　使用凸輪的提案

　　會動的玩具常用這種**凸輪機構**，將旋轉運動轉換為往復直線運
動。這個方法必須仔細琢磨凸輪的輪廓與形狀，以決定旋轉軸轉
動一次，凸輪所造就的上下移動的距離。

　　舉例來說，如果你想讓旋轉軸每旋轉一次，玩偶即上下移動
20mm，那麼凸輪的凸出頂點（蛋形的蛋頂）必須與旋轉軸相距
20mm。要讓原動件（旋轉軸）正確牽動從動件（玩偶），達到你
想要的移動距離，就得繪製以旋轉角度為橫軸，移動距離為縱軸
的凸輪從動件位移圖。

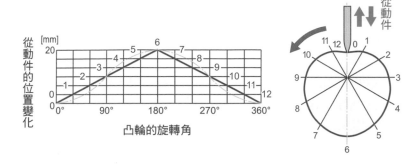

圖 10 凸輪從動件位移圖

　　可進行平面運動的凸輪種類不只有蛋形，還有心形與偏心形等。

　　為了使凸輪機構的各零件可以正確地連動，凸輪必須設計到即使形狀複雜，也可穩定地動作、確實地傳遞，而且要能承受某種程度的高速旋轉。此外，從動件的前端有尖端、平端、圓端等類型，為了減少原動件與從動件的摩擦，也可以使用會旋轉的滾輪。

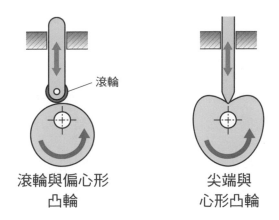

圖 11 凸輪的種類

機械男

　　可以製作彎曲的旋轉軸，使旋轉軸的中間凸出一個⊓字形，玩偶固定在⊓字形上，隨著轉動往上、往下進行往復直線運動。

移動距離

圖 12 使用曲柄的提案

　　這也是個好主意。⊓字形的機構稱作**曲柄機構**。而曲柄的最高點稱為**上死點**，最低點稱為**下死點**。上死點與下死點之間的動作範圍，稱為**衝程**。

　　此外，也可利用圓板狀的平衡飛輪來製作⊓字形。這個方法可以利用旋轉力取得平衡，有助於順暢的旋轉運動。

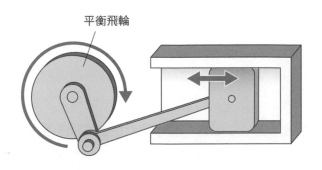

圖 13 平衡飛輪的曲柄機構

　　許多機械都會使用此處介紹的凸輪機構與曲柄（曲軸）機構。進氣閥與排氣閥即是利用凸輪機構與曲柄機構。進氣閥的作用是將汽油與空氣的混合氣體打入汽車的汽油引擎，而排氣閥則是在混合氣體爆炸後，將廢氣排出。進氣閥與排氣閥通常是一根旋轉軸上有兩個凸輪的「雙凸輪」機構，而且為了使進氣閥與排氣閥快速、確實地開關，還需使用彈簧。

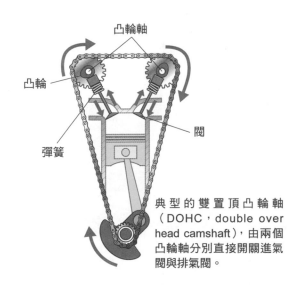

典型的雙置頂凸輪軸（DOHC，double over head camshaft），由兩個凸輪軸分別直接開關進氣閥與排氣閥。

圖 14 汽油引擎的凸輪機構

以直列式四缸四行程氣缸引擎的曲柄機構為例，旋轉軸上接著四個曲柄，這四個曲柄與轉軸相連的位置，皆以相差 90° 的方式錯開，因此旋轉軸旋轉時，曲柄所連接的四個氣缸即可重複「進氣→壓縮→膨脹→排氣」的循環。雖然每個氣缸的燃料混合氣爆發的時間點不一致，但是因為曲柄的旋轉軸帶動整個引擎一分鐘內旋轉數千次，所以四個氣缸能以相同且短暫的時間間隔，連續引爆燃料混合氣，使整個引擎順暢地進行旋轉運動，各氣缸的爆發點之間幾乎沒有間隙。

　　這四個直列式氣缸的點火順序有「1-3-4-2」與「1-2-4-3」（數字為氣缸編號）兩種。以「1-2-4-3」為例，四個氣缸即會重複下列循環。

氣缸 1	膨脹 → 排氣 → 進氣 → 壓縮
氣缸 2	壓縮 → 膨脹 → 排氣 → 進氣
氣缸 3	排氣 → 進氣 → 壓縮 → 膨脹
氣缸 4	進氣 → 壓縮 → 膨脹 → 排氣

氣缸「1 → 2 → 4 → 3」的點火順序

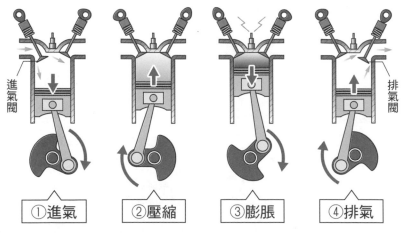

進氣閥　　　　　　　　　　　　　　　　　　排氣閥

①進氣　　②壓縮　　③膨脹　　④排氣

圖 15 氣缸引擎的曲柄機構

⬡ 往復滑塊曲柄機構的設計與製作

接下來，請設計看看下面這種往復滑塊曲柄機構吧！此處所稱的**行程容積**是指上死點與下死點之間的空間。

> **設計規格**
>
> 　　請設計行程容積為 50~60cm³ 的往復滑塊曲柄機構，並用厚紙板製作。此外，活塞的內部直徑需為 4cm，旋轉軸需為直徑 1cm 的圓棒。

[設計流程]

① 由活塞的內部直徑求截面積。

設截面積為 A，活塞的內部直徑為 d，則：

$$A = \frac{\pi d^2}{4} = \frac{3.14 \times 4^2}{4} = 12.56 \text{cm}^2$$

② 求出衝程。

為了使截面積乘上某個值可得出 50~60cm³ 的結果，將此區間的最佳數值定為 4，則截面積 A×4 為：

　　12.56×4 = 50.24 cm³

據此即可確認哪種衝程符合規格，接著再推算其他元件的尺寸。

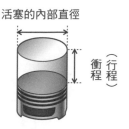

活塞的內部直徑

衝程（行程）

圖 16 活塞內部直徑與衝程

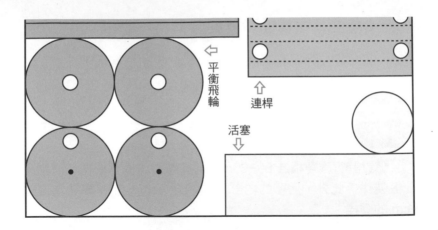

圖 17 各個元件的設計圖

　　如**圖 17** 所示，先畫好各元件的設計圖，接著才可裝配各元件。而平衡飛輪上的開孔位置，即是決定衝程大小的關鍵。

　　你可用剪刀或切割機來裁剪厚紙板。為了使往復滑塊曲柄機構能夠流暢地運作，可將連桿上的孔開得比圓棒大一點點，其他的孔則與圓棒一樣大。

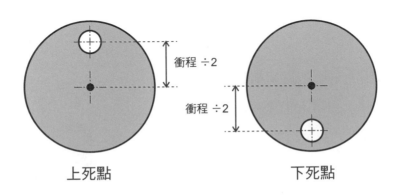

圖 18 衝程的位置

此外，由於連桿上必須開直徑 10mm 的孔，所以連桿的寬度最好設為 12mm，平衡飛輪的厚度則為 10mm。

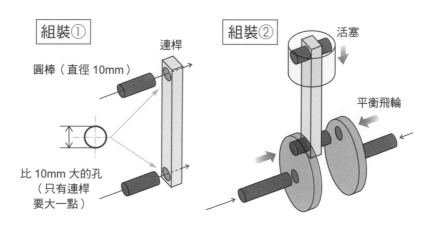

圖 19 四根圓棒的位置

完成曲柄機構，最後再做曲柄機構的外殼，雖然外殼的形狀不受限，但是如果兩根圓棒插入外殼的位置沒有相互對稱，就無法順利轉動，所以必須特別留意外殼所開的孔，位置是否相對。其他部分則請各位費心設計囉。

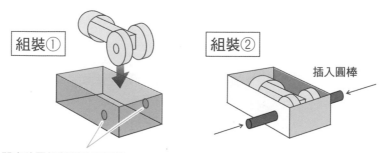

圖 20 曲柄機構的外殼

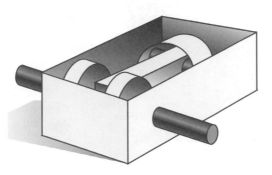

圖 21 成品示意圖

　　即使這只是用紙做成的範品，但若沒有事先設想各細節，運作起來還是會發生很多狀況。一定要精確製作各個元件、妥善地組裝，機構才會動。

總算完成了！真棒！我一開始雖然不太了解曲柄機構，但經由組裝立體元件，並實際運作後，我比較理解了！

雖然花費的時間比我預期的還要多，但透過實際製作，我更了解曲柄機構了。光用厚紙板製作就這麼辛苦了，用金屬製作一定更困難！

就是啊！要用金屬製作，我們還得學習各種加工方法呢！

我要加把勁學習加工方法！

◆ 將旋轉運動轉換為搖擺運動的機構

設計課題 2

　　請設計以下機構：將玩偶放入容器，容器側邊露出一個旋轉軸；此旋轉軸旋轉時，玩偶就會進行搖擺運動。

②搖擺運動

？機構

①旋轉運動

圖 22

　　請構思可將旋轉運動轉換為搖擺運動的機構，也就是要讓玩偶前後擺動。這題可用曲柄，也可用凸輪來設計。雖然這題可用數學理論來解決，但還是請你先提出設計方案。

設計方案 (1)

 電子女

　　我想到一個方法，就是在旋轉軸上安裝蛋形凸輪，將凸輪當作原動件，以板子為從動件，在板子上放置玩偶，使之搖擺。

圖 23 運用凸輪

　　凸輪有**平移凸輪**和**圓柱形凸輪**等種類。平移凸輪可將水平運動轉換為上下垂直運動，圓柱形凸輪可將旋轉運動轉換為水平運動。此外，進行立體動作的凸輪，例如圓柱形凸輪，統稱為**立體凸輪**。凸輪與有標準規格的機械元件不同，是許多細節必須自己設計的元件，所以你可以發揮巧思運用在各部位的動作。

妳已經會運用凸輪了！很不錯喔！板子和凸輪接觸的部分上下運動的範圍，與旋轉運動轉換為往復直線運動的運動範圍一樣（p.32），決定於凸輪的形狀與輪廓。

從動件

②上下運動

①水平運動

滾輪

原動件

凸輪不像齒輪和彈簧那樣可利用規格品，必須靠自己設計。

圖 24 平移凸輪

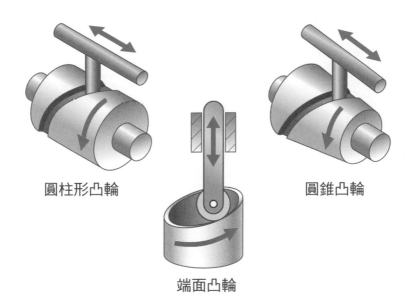

圓柱形凸輪

端面凸輪

圓錐凸輪

圖 25 各式各樣的凸輪

機械男

　　我改造了滑塊曲柄機構，以三根桿件構成機構。只需旋轉最短的桿件，另一側較長的桿件就可以進行搖擺運動。

圖 26 運用曲柄

　　這是**曲柄搖桿機構**。機械男所說的「桿件」，在機械設計稱為**連桿**。而且，雖然機械男只提到三根桿件，但其實底部還需要一根連桿，所以通常會設計成由四根連桿組合成的機構，而且其中一根會當作原動件以進行動作。這種機構又稱為**四連桿機構**，可用於各種機械，改變四根連桿的長度即可做出好幾種運動。

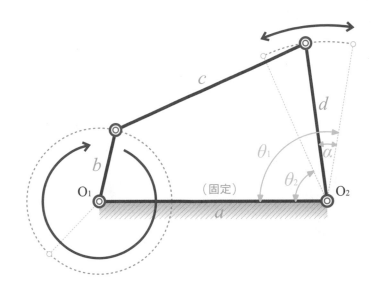

圖 27 曲柄搖桿機構

　　要構成曲柄搖桿機構，必須符合幾何學的條件，亦即，被施予旋轉運動的最短連桿，它的長度與其他任一連桿的長度和，一定要小於或等於另外兩根連桿的長度和。四根連桿的長度若以 a, b, c, d 來表示，即可用葛拉索定律（Grashof's Criterion）表示曲柄搖桿機構的成立條件。

> **葛拉索定律**
>
> $b + a < c + d$
> $b + c < a + d$
> $b + d < a + c$

　　此外，這種由四根連桿構成的連桿機構，只需改變原動件與從動件的組合方式，即可形成其他機構。

圖 28 的**雙曲柄機構**是將連桿 a 固定，而連桿 b 與連桿 d 同時進行 360° 旋轉運動的機構。**雙搖桿機構**是將連桿 a 固定，連桿 b 與連桿 d 同時進行往復搖擺運動的機構。此外，前面提及的滑塊曲柄機構，亦可視為一種曲柄搖桿機構，它將最短的連桿盡量縮短，使玩偶得以在連桿 d 的頂端滑行。

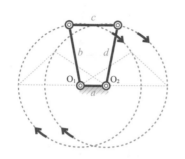
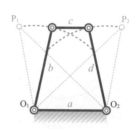

圖 28 雙曲柄機構（左）與雙搖桿機構（右）

　　若面對面的連桿長度相同，不管固定哪一個連桿，兩個相鄰的連桿都會以同樣的速度進行旋轉運動，此即平行曲柄機構。

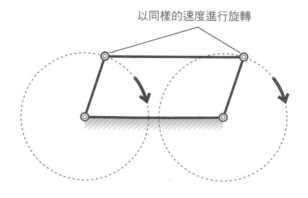

圖 29 平行曲柄機構

◉ 曲柄搖桿機構的設計與製作

設計規格

　　請用塑膠棒製作「曲柄搖桿機構」，四根連桿分別設為 $a =$ 4 cm, $b =$ 10 cm, $c =$ 9 cm, $d =$ 12 cm。固定連桿 d，使連桿 a 進行旋轉運動，並求出連桿 c 搖擺的角度。

　　要設計這樣的機構，必須用到餘弦定理，調整三角形的三個邊和三個角度的關係。

$$a^2 = b^2 + c^2 - 2bc \cos A$$
$$b^2 = c^2 + a^2 - 2ca \cos B$$
$$c^2 = a^2 + b^2 - 2ab \cos C$$

圖 30 餘弦定理

　　將這個曲柄搖桿機構的連桿 c，可以向右側傾斜的最大角度設為 θ_1，並用餘弦定理求出 θ_1 的數值。

$$(4+10)^2 = 12^2 + 9^2 - 2 \times 12 \times 9 \times \cos \theta_1$$

$$\cos \theta_1 = \frac{29}{216} \fallingdotseq 0.134$$

$$\therefore \theta_1 \fallingdotseq 82.3°$$

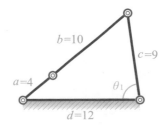

圖 31

接著，將連桿 c 向左側傾斜的最大角度設作 θ_2，用餘弦定理求出 θ_2 的數值。

$(10-4)^2 = 12^2 + 9^2 - 2 \times 12 \times 9 \times \cos \theta_2$

$\cos \theta_2 = \dfrac{189}{216} \doteqdot 0.875$

$\therefore \theta_2 \doteqdot 29.0°$

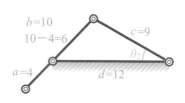

圖 32

因為連桿 c 的擺動角度 θ 即是 $\theta_1 - \theta_2$，所以答案為 $\theta = \theta_1 - \theta_2 = 82.3 - 29.0 = 53.3°$。

※ 反三角函數的計算需使用有函數功能的計算機。

最短的連桿

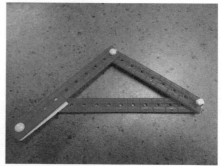

圖 33 成品圖

圖 34 連桿的相互重疊關係

計算雖然既困難又辛苦，但無論如何我們還是完成了。即使你完成了幾何學的計算，算出各個角度，但實際製成的連桿可能會因為組裝的問題而不能動。所以請好好設計四根連桿的重疊順序。

我很喜歡數學，所以機械設計會使用餘弦定理這一點令我非常開心。雖然只要會數學，就能完成設計圖，但對實際製作來說，數學不是必要的。實際製作的過程雖然無趣又充滿挫敗，但我一步步跨越而完成了成品，真的非常開心。之後我會更加謹慎地製作！

我不喜歡數學，但若利用數學能設計出可動的機械，我願意努力學習數學。

各式各樣的機構

急回機構

　　我們來介紹一個很有趣的機構吧！這個有趣的機構稱作**急回機構**（Quick return mechanism），它的往返速度不同喔。

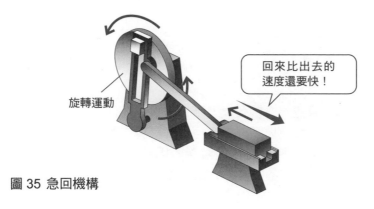

旋轉運動

回來比出去的
速度還要快！

圖 35 急回機構

蘇格蘭軛機構

　　這是旋轉偏心圓板，使軛進行往復運動的機構，稱為**蘇格蘭軛機構**（Scotch yoke mechanism）。

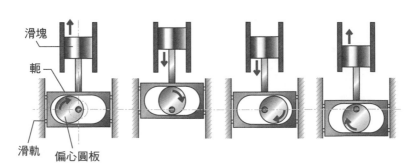

滑塊

軛

滑軌　　偏心圓板

圖 36 蘇格蘭軛機構

◎ 日內瓦機構

　　將固定在原動輪上的栓銷或滾子，移動至從動輪的導槽中，使連續的旋轉運動變成從動輪的間歇運動，這樣的機構稱為**日內瓦機構**（Geneva mechanism）。

圖 37　日內瓦機構

◎ 司羅兩氏機構

　　使輸入的直線運動變換出方向幾乎與之垂直的運動，此種機構稱為**司羅兩氏機構**（Scott-Russell mechanism）。

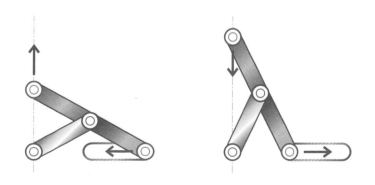

圖 38　司羅兩氏機構

● 泰奧楊森機構

泰奧楊森機構是由泰奧楊森（Theo Jansen）設計的，是一種能在地面水平運動的連桿機構。他用計算機模擬一千五百種組合，最後才定出最適當的長度（黃金數字）。這十三根連桿的長度分別為 a ＝ 38, b ＝ 41.5, c ＝ 39.3, d ＝ 40.1, e ＝ 55.8, f ＝ 39.4, g ＝ 36.7, h ＝ 65.7, i ＝ 49, j ＝ 50, k ＝ 61.9, l ＝ 7.8, m ＝ 15。他旋轉連桿 m，使 h 與 i 連接處的軌跡，與地面接觸的時間變長，因此能模擬動物的動作。

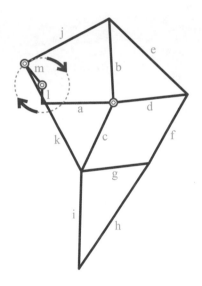

圖 39 泰奧楊森機構

泰奧楊森先生將兩個泰奧楊森機構前後相反連接成一對，再將好幾對泰奧楊森機構結合至曲柄上。

　　圖 40 是一對泰奧楊森機構。而圖 41 則進一步並排五對泰奧楊森機構，並利用曲柄使這五對的相位交錯，模擬動物的行走。

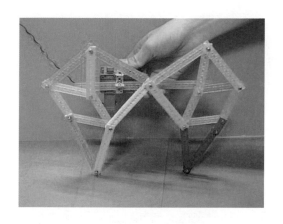

圖 40　構成一對的泰奧楊森機構

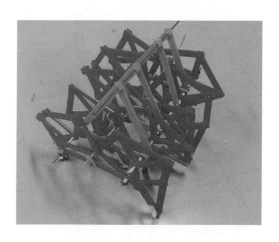

圖 41　多對連接而成的泰奧楊森機構

因為機構設計是機械動作的基礎，所以我非常感興趣。可是我還必須學習如何設計出可正確動作的物體。

我也覺得非常有趣，同時也感受到機構設計的困難。我知道自己要先掌握前人設計的代表性機構，而且就算是簡單的機構也必須實際製作看看。

沒錯！一開始要先模仿，讓自己想要製作的東西符合設計規格，再視情況決定尺寸。

而且不要只憑直覺與經驗去設計，重要的是，盡可能運用數學與物理原理，設計出合理的結構。

沒錯！還要學習更高難度的知識，例如「機構學」。到時再利用這次所學的知識，嘗試做出機構，很棒吧？此外，平常就要注意身邊會動的東西，在腦中想像它的結構，這樣會很有趣喔！

第3章
結構設計

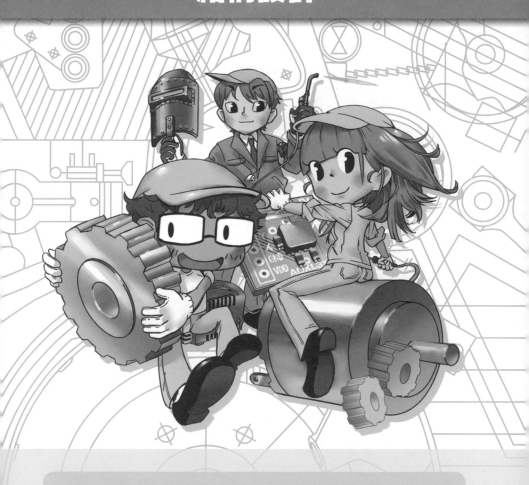

為了支撐會動的機構，我們必須製作堅固不動的部分。但是，世界上沒有無堅不摧的材料，而且機械的外殼與內部機構，必須盡量設法使用相同的材料，並且要能夠承受巨大的力量。因此，本章將介紹力學，一起來學習作用於材料的力，以及機械的結構吧。

作用於材料的力

⬡ 拉伸力

實際運作的機械必須承受不同大小與方向的力，因此我們必須掌握作用在各部位的力量，這並不簡單喔。然而，基本的原理其實很簡單，只要徹底理解基本原理，即可處理複雜的作用力。當然，複雜的計算最好交給電腦，我們只需正確理解物理原理，即可準確地建立方程式供電腦計算。

說到作用於材料的力，大家最先想到的就是**拉伸力**吧！拉伸試驗是測量材料強度（例如金屬）的基本方式。這個試驗測量若施力於材料試驗片，可以伸長多少。

虎克定律解釋施於物體的作用力大小會與物體的變形程度成比例。我們一般都會用彈簧來驗證此定律。彈簧承受某作用力會伸長，但消除作用力即會恢復原狀，這種性質稱為**彈性**。

同樣道理，金屬棒就算不會像彈簧伸那麼長，但若施加拉伸力亦可觀察到小幅度的伸長。然而，彈性是有限度的，即使是彈簧，如果施加超過某種程度的力，仍舊無法恢復原狀。同樣地，對金屬棒施加超過某種程度的力，就算力消除了，金屬棒也會變形，無法恢復原狀。施加某種程度以上的力，即沒有表現出彈性的性質，我們稱為**塑性**。

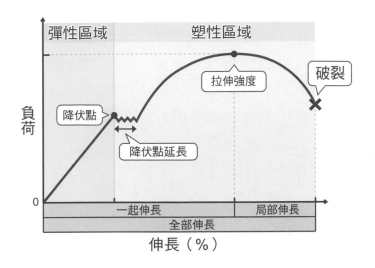

圖 1　拉伸試驗的負荷力量與伸長程度

　　設計機械必須考慮，將施加於材料各部位的力控制在彈性區域內。若施加到達塑性區域的力，材料即會變形，有時會導致機械損壞，影響其他元件。所以要注意不要讓機械承受的力會從材料的彈性區域轉入塑性區域，應該確保外力會在彈性區域內，而不是幾近塑性區域。

　　若持續拉伸已變形的材料，這個材料最後會**破裂**。因為持續施於材料的拉伸力，不斷在挑戰材料特性的極限啊。

舉例來說，金屬材料破裂即會造成**塑性變形**，產生龜裂。一般來說，材料龜裂，進而導致破裂的過程，稱為**破壞**。

　　順帶一提，「某材料可承受多少 kg」無法完整表達材料可承受多少力，因為相同的材料，不同的粗度，強度當然會不一樣。因此表示材料受力程度的指標是「**應力**」這個物理量，亦即作用於材料的力除以受力處的截面積。

$$應力\ \sigma = \frac{作用於材料的力\ F}{截面積\ A}\ [\text{N/mm}^2]$$

　　此外，材料的變形量則以**應變**來表示，亦即材料受力後的長度變化比例。

$$應變\ \varepsilon = \frac{長度的變形量\ \Delta L}{原本的長度\ L}$$

　　應力與應變告訴我們：「在什麼情況下，物體會損壞？」材料承受外力而分離成兩個以上的碎塊，這個狀態稱為破裂；而此過程稱為破壞。但有時不會到破裂的程度，而是處在塑性變形與完全破裂之間的狀態，在這個範圍內的狀態，稱為**破損**。廣義的破損包括**疲勞**、**腐蝕**與**磨耗**等。疲勞是指反覆施加負荷而產生的狀態；腐蝕是指與周遭環境產生化學反應而生鏽；磨耗是指表面進行相對運動所造成的表面損傷。

◉ 壓縮力

　　除了拉伸力，**壓縮力**也很常見。彈簧不只會因承受拉伸力而伸長，也會因承受壓縮力而收縮。同樣地，金屬承受壓縮力也會微微地收縮。

　　與拉伸試驗相反，施予材料壓縮力的試驗，稱為**壓縮試驗**，通常會用來測試混凝土的強度。

　　由於混凝土為易碎材料，所以混凝土的壓縮試驗跟金屬的拉伸試驗不同，不是要觀察材料伸長與收縮的程度，而是要觀察混凝土受到多大的力才會粉碎。

　　順帶一提，雖然混凝土可以承受較大的壓縮力，但它承受拉伸力與彎曲力的能力較弱，所以鋼筋混凝土才要以混凝土搭配可承受較大拉伸力的鋼筋，藉此創造壓縮強度與拉伸強度皆大的結構。

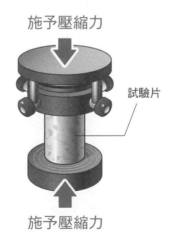

施予壓縮力

試驗片

施予壓縮力

圖 2　壓縮試驗

一般人會以為金屬棒承受壓縮力，只會被壓扁，但實際上機械設計大多使用細長形的金屬棒，因此壓縮力若超過某個界限，金屬棒就會突然往橫向彎曲，此現象稱為**壓屈**（或挫屈）。而此壓屈的金屬棒稱為**長柱**。

　　考慮到材料的壓屈現象，設計機械的人會使用長柱的截面形狀

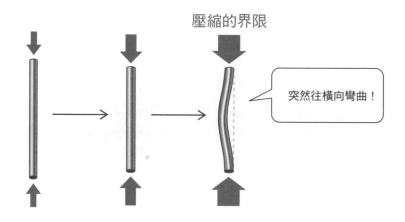

壓縮的界限

突然往橫向彎曲！

圖3　長柱的壓屈現象

與長度，來計算**細長比**，以便於設計機械。而且會利用許多公式來計算壓屈負荷，把「長柱的兩端是否受拘束」、「能否自由移動」等條件考慮進去。

雖然拉伸力與壓縮力只是影響材料強度的基本因素，但光是這些就牽涉到許多情況，我們必須一一考慮才能完成設計。

剪斷力

剪斷力是指對某作用線施予反方向的作用力，使物體沿著截面位移。若剪斷力超過材料可以負荷的程度，剪斷力所作用的交界處就會發生局部的破壞，產生滑動。例如，用剪刀剪紙，紙會受到剪斷力而斷開；裁切金屬板的剪斷機也是利用剪斷力；此外，地震也是作用於地層的剪斷力。

此外，作用於材料的剪斷力 F 除以被剪斷處的截面積 A，所得出的值 τ，稱為**剪應力**。

$$\text{剪應力}\ \tau = \frac{\text{作用於材料的力}\ F}{\text{截面積}\ A}\ [\text{N/mm}^2]$$

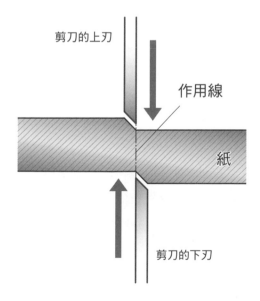

圖 4　剪斷力

● 彎曲力

棒狀材料時常受到**彎曲力**的作用。材料力學將圓棒與方棒稱為**梁**，各式各樣的機械與建築物都可視為梁，以進行結構計算。使梁旋轉的力矩稱為**扭力矩**。扭力矩 M 即是作用力 F 與旋轉半徑 r 的乘積。扭力矩的單位為 [N・m] 或 [N・mm]。此外，扭力矩又分為順時鐘旋轉與逆時鐘旋轉，在此以負（－）表示順時鐘旋轉，以正（＋）表示逆時鐘旋轉。

$M = Fr$

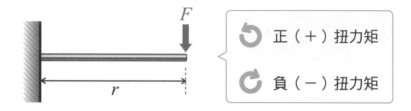

圖5　扭力矩

梁根據支撐方式和施力方式，可分成以下幾種：只有一端固定的梁稱為**懸臂梁**，而被固定的一端稱為**固定端**，另一端稱為**自由端**；兩端都被固定的梁稱為**簡支梁**。而施於梁的負荷有兩種：**集中負荷**與**均勻負荷**。集中負荷的施力集中於梁的某一點，而均勻負荷則將負荷平均分布於梁的整體長度或部分長度。

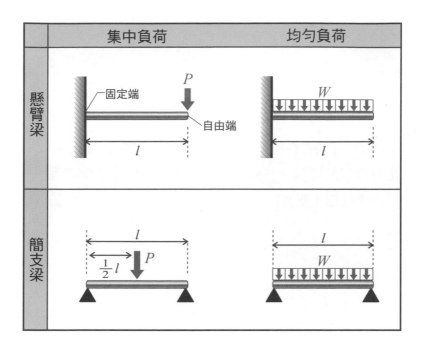

圖 6　梁的分類

　　若對梁施予集中負荷，受力部分就會產生沿著截面位移（兩側以平行方向上下滑動）且錯開的剪斷力。剪斷力分為正（＋）與負（－）。正（＋）表示將截面的左側往上推的情況，負（－）表示將截面的右側往上推的情況。

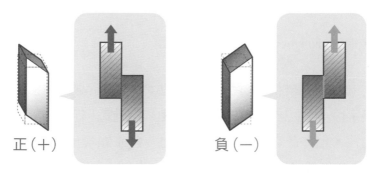

圖 7　剪斷力的符號

結構設計

◎ 材料的應力：應變曲線圖

拉伸試驗反映材料受力程度與伸長程度的關係。而為了清楚顯示大部分材料的性質，一般會以縱軸為應力，橫軸為應變，繪製**應力應變曲線圖**（圖 8）。

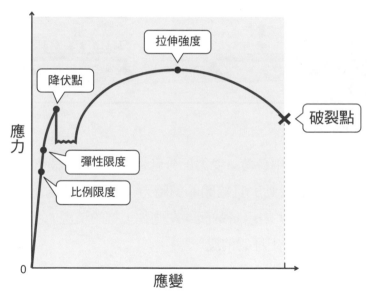

圖 8　軟鋼（mild steel）的應力應變曲線圖

對一般的金屬材料來說，應力與應變在達到某臨界點時，會遵守虎克定律。此臨界點稱為**比例限度**。超過比例限度，直線就會變為曲線，但在此之前的一個範圍內，會先顯現出彈性性質，若在此範圍內卸除負荷，金屬材料的變形即會回復原狀。

　　而金屬材料開始出現彈性性質的分界點，稱為**彈性限度**。應力與應變的關係超過彈性限度之後，應力不會再增加，只有應變會增加，直到超過**降伏點**，材料才會產生永久變形，請看上頁圖 8。有許多材料不如軟鋼，沒有明確的降伏點，因此我們將能產生 0.2% 塑性應變的應力當作**降伏強度**，用來協助我們設計強度（**圖 9**）。此外，應力應變曲線圖，將最大應力的點稱作**拉伸強度**，此為拉伸試驗的最大應力，可應用於材料的強度設計。

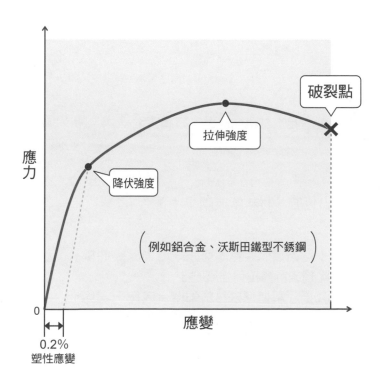

圖 9　未出現降伏點的應力應變曲線圖

請為直徑 14.00mm 的圓棒施加負荷，以求出此材料的拉伸強度。

圖 10 拉伸試驗裝置

哇！材料伸長了，好厲害！

（突然，發出巨響，材料斷成兩半！）

哇！好驚人！透過這個裝置即可完成應力應變曲線圖呢！利用此圖去計算拉伸強度吧！
這個實驗令我更了解如何求材料強度。我第一次見到軟鋼拉長、斷裂的樣子，覺得非常有魄力！我還觀察到材料拉長的那一瞬間，這種狀態就是塑性變形吧！

（接著，用計算機算材料強度吧！）

圖 11 破裂的軟鋼

我也是第一次見到軟鋼斷裂的樣子，斷裂會發出很大的聲音，而且斷裂面摸起來溫溫的！斷裂面的分子鍵結都斷掉了，這就像分子使盡力氣後，體溫升高一樣！

在此試驗中，我對直徑 14.00mm 的圓棒，施加的最大拉伸力為 9200kg，而且斷裂之前，材料伸長了 10.5mm，截面直徑只減少 4.7mm，根據這些數據即可算出拉伸強度。

[拉伸強度的計算]

先將施於材料的最大作用力 F 換算為 9200kg $\times$ 9.8m/s^2 = 90160N，而直徑 14.00mm 圓棒的截面積 A 為 $\frac{\pi}{4} d^2 = \frac{3.14 \times 14.00^2}{4}$ = 153.9mm^2。因此，根據 $\sigma = \frac{F}{A}$，材料強度為 $\sigma = \frac{90160}{153.9}$ = 585.8N/mm^2。

材料的拉伸強度 585.8N/mm^2 是根據材料決定的嗎？相同材料的偏差會有多少呢？

代表性的軟鋼型號是 SS400（此為 SS 鋼材，日文為「一般構造用壓延鋼材」），400 是指拉伸強度的最低保證值，也就是說，對此材料施予拉伸負荷，保證有大於 $400N/mm^2$ 的拉伸強度，因此有的 SS400 拉伸強度是 $450N/mm^2$，有的是 $500N/mm^2$，各有不同。透過拉伸試驗，測出 $400N/mm^2 \sim 585.8N/mm^2$ 拉伸強度的鋼材，即可超過最低保證值。

可是鋼材的拉伸強度不能真的只有 $400N/mm^2$ 吧！你可以改用較高級的成分，構成剛好 $400N/mm^2$ 的鋼材，但是這麼做會浪費時間，又要花很多錢，沒有意義。其實並沒有人去研究 SS 鋼材的詳細成分，只知道是鋼鐵系的材料。不過，不知道詳細成分，只知道強度有達最低保證值，而能發揮許多用途的材料有很多種。

另一方面，用於嚴酷環境的材料則有特別的規定，例如硬鋼必須有固定比例的碳含量。此外，如果我們需要具有高耐熱性與耐腐蝕性的材料，即會選用同時具有這些特性的合金材料。

機械設計者必需了解各種材料的性質，並依據特性適切地使用。

● 作用於梁的彎矩

對梁施力，使之彎曲，觀察最大的彎矩作用在什麼地方，對設計來說是很重要的。

在長 600mm 的梁正中間施加 100N 的集中負荷，則梁的兩側支撐端所承受的彎矩 M 則各為 50N，因此作用於梁正中間的最大彎矩可用下列公式計算。

$$M = WL = 50 \times 300 = 15000 = 15\text{kN} \cdot \text{mm}$$

M：彎矩 [N・mm]，W：負荷 [N]，L：梁的長度 [mm]

此外，表示彎矩分布變化的圖，即如下所示。

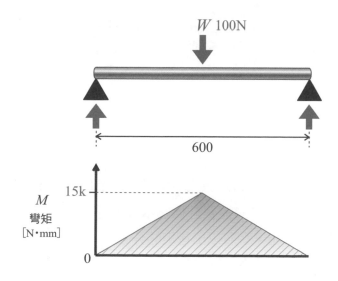

圖 12 兩側的支撐端承受施於梁正中間的 100N 集中負荷

如下圖所示，對長 600mm 的懸臂梁前端施加 100N 的集中負荷，則梁所承受的彎矩 M 可用下列公式計算。

$$M = WL = 100 \times 600 = 60000 = 60\text{kN} \cdot \text{mm}$$

L 代表固定端到施力點的距離，而此例子與上一頁不同，L 的距離較長，所以彎矩也會依比例加大。**圖 13 下側**的圖，即顯示了彎矩的分布變化。

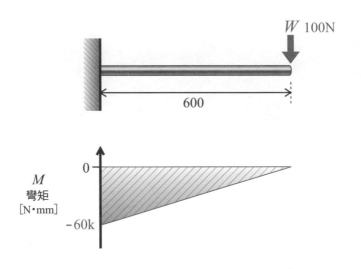

圖 13 懸臂梁的外側端承受了集中負荷

雖然懸臂梁的外側端承受了集中負荷，卻是由固定端來承受最大彎矩。此外，我們只需在外側端以外的部位施加集中負荷，再將各結果重合一起，即可求出彎矩的分布。

● 截面係數與彎曲應力

　　對梁施加彎矩，它的各截面就會形成**彎曲應力**。若彎曲力作用於截面為長方形的梁，梁的內側會產生**壓縮應力**，外側則是**拉伸應力**。這兩種應力會使收縮與伸長持續進行直到達到平衡，但在梁的內部，會有一個面既不壓縮也不拉伸，只是單純地彎曲卻不受力，此即中立面。中立面與梁的橫截面構成的交集線，稱為**中立軸**。而中立軸上並沒有軸方向的應力。此外，梁各部位承受的彎曲應力，和該處與中立面的距離成正比，所以梁的表面所承受的壓縮應力與拉伸應力都是最大的。

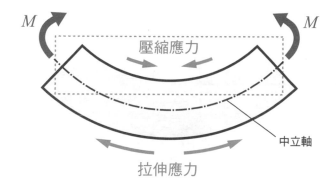

圖 14 梁的中立軸

　　對機械設計來說，選擇材料很重要，但是相同的材料也可藉由改變形狀來調整彎曲應力的大小。影響彎曲應力的**截面係數**與材料的材質、強度、變形無關，僅取決於材料的形狀和距離。

以 Z 來表示有關於截面形狀的截面係數，彎矩則以 M 來表示，則產生的**最大彎曲應力**（σ_{max}）即可用下列公式表示。由此公式可知，截面係數越大，最大彎曲應力越小。

$$\sigma_{max} = \frac{M}{Z} \ [\text{N/mm}^2]$$

◉ 法碼與直尺的彎曲應力

將截面為長方形的薄形直尺立起來，並掛上法碼所造成的彎曲幅度，以及橫放並掛上法碼的彎曲幅度，哪一個比較大？

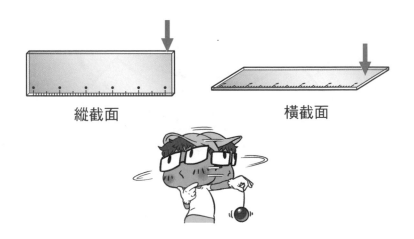

縱截面　　　　　　　　　橫截面

圖 15 為直尺掛上法碼的實驗

[實驗結果]

將直尺立起來所造成的彎曲幅度較小，由此可知，此時的最大彎曲應力較小。另外，將直尺橫放所造成的彎曲幅度較大，由此可知，此時的最大彎曲應力較大。

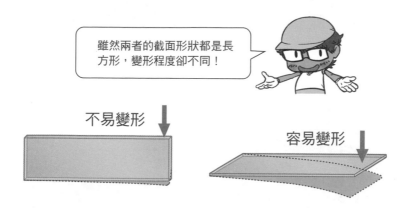

圖 17　長方形的截面係數

　　長方形截面的截面係數可用下列公式求出。在此，以 b 表示截面的橫向長度，以 h 表示縱向長度。

$$Z = \frac{bh^2}{6}$$

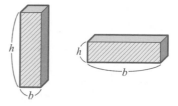

圖 17　長方形的截面係數

　　舉例來說，b 和 h 的比例若為 $1:3$，即可得到下列結果。

· 若直尺直立，$Z = 1 \times 3^2 = 9$
· 若直尺橫放，$Z = 3 \times 1^2 = 3$

　　由此可知，直尺直立的截面係數 Z 較大，則最大彎曲應力 σ_{max} 會變小。

$$\sigma_{max} = \frac{M}{Z}\ [\text{N/mm}^2]$$

　　因為作用於截面的應力越小越好，因此以相同的截面積來說，直立狀態的最大彎曲應力較小，是比較好的選擇。

截面為空心圓、實心圓的截面係數，能以下列公式來表示。

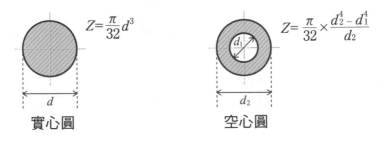

圖 18 實心圓與空心圓的截面係數

研討問題

請求直徑 3mm 實心圓截面的截面係數，以及外徑 3mm、內徑 2mm 空心圓截面的截面係數。

實心圓截面

$$Z=\frac{\pi}{32}d^3=\frac{3.14}{32}\times 3^3=2.65$$

空心圓截面

$$Z=\frac{\pi}{32}\times\frac{d_2^4-d_1^4}{d_2}=\frac{\pi}{32}\times\frac{3^4-2^4}{3}=2.12$$

由此可知，空心圓截面的中空部分雖然可以減輕重量，但不會讓截面係數變低多少。你算算看就知道了，若空心圓截面的中空部分直徑為 0.376mm，則截面係數與實心圓的截面係數 2.65 差不了多少。

　　此外，H 形與四角中空形亦是具代表性的截面，其截面係數如圖 19 所示。

H 形

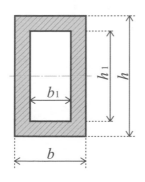

$$Z = \frac{th^3 + b_1 s^3}{6h}$$

四角中空形

$$Z = \frac{bh^3 + b_1 h_1^{\,3}}{6h}$$

圖 19　各種形狀的截面係數

◆ 應力集中

　　對平滑、形狀完整的棒子與板子，施加拉伸、壓縮或彎曲等作用力，截面的每個部分都會承受一樣的應力。然而，實際的機械會有螺絲孔（圓孔），元件則會有高低落差、溝槽或微小的裂痕，所以應力的作用方式不會這麼單純。不平整處的附近會聚集較多的應力，稱為**應力集中**，可用**應力集中係數**來表示大小。結構設計必須考慮這一點。以有裂縫的材料為例，應力集中係數 α 是以有裂縫的材料底部的最大應力 σ_{max}，與平滑材料的應力 σ_0 的比值來表示。

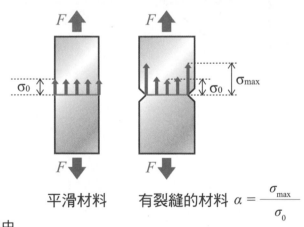

圖 20 應力集中

　　請在考慮應力集中的前提下，去判斷虎克定律是否成立。而且，如果材料沒有不連續面，即可利用應力集中係數來判斷是否能以較大的應力作用於機械。

　　應力集中的計算牽涉到彈性力學，大型物體的應力集中係數可用電腦來算，雖然這個步驟可省略計算的細節，但你可以先知道機械設計需要注意這些重點。

　　若材料有裂縫，則裂縫越深，裂縫底端的應力越大。而且裂縫角度越小，裂縫形成的凹陷尖端越尖銳，此處的應力越大。

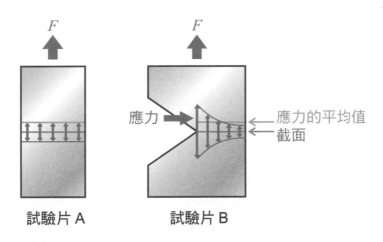

試驗片 A　　　　　試驗片 B

圖 21 裂縫的影響

　　雖然你可以大膽地斷定沒有人會故意製造裂縫，但機械一定會有某種程度的高低落差與溝槽。因此若你能注意應力集中係數，盡可能把機械做得平滑，不是很好嗎？

盡量消除高低落差與溝槽吧！

◈ 破壞力學

思考應力集中可以求出不平滑材料的實際應力分布。然而，應力集中的關係式將裂縫的尖端部位視作半徑 0，會使應力集中係數變得無限大。因此實際上我們必須考慮裂縫的尖端部位在超過降伏點的塑性區域中，會產生應力，因而預料到此處的拉伸強度會比此材料的平均拉伸強度小。

因此，**破壞力學**（破裂力學）這門學問誕生了。接下來，本書會用簡單的參數來表示裂縫的形狀、應力與應變的狀態等，讓讀者輕鬆掌握。另外，因為作用於材料的負荷方向不同，所以破裂方式還分成下列三種基本模式。

模式 I 是拉伸應力垂直於裂開的斷面，往上下方向施力，稱為**張裂型**。**模式** II 是來自外界的剪應力，平行於裂開的斷面，稱為**剪裂型**。**模式** III 是來自外界的剪應力往物體的左右方向施力，稱為**撕裂型**（參考右頁圖 22）。

表示這些模式應力狀態的參數是**應力擴大係數**，這個數值越大，破裂所造成的影響力就越大。

要使材料裂開的必要應力擴大係數，稱為**破裂韌性值**。容易變形的延性材料的破裂韌性值很大，例如鋼鐵材料，即使有一些裂痕，仍保持一定的強度。另一方面，脆性材料的破裂韌性值則比較小，例如陶瓷與玻璃。

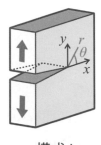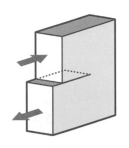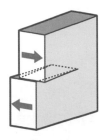

模式 I
（張裂型）

模式 II
（剪裂型）

模式 III
（撕裂型）

圖 22 破裂方式的三種基本模式

應力集中與破壞力學看似複雜，但聽完以上的說
明，你就會恍然大悟了。

難怪金屬這種延展性材料很堅韌，但玻璃這種脆性
材料，只要有小瑕疵，就會裂開！

那麼，一咬下去仙貝就會裂開，也和破壞力學有關
係嗎？

結構的方法

⬡ 三角形結構

　　屬於機構設計的四連桿機構若固定其中一個連桿，其他連桿的位置與姿勢會由好幾個變數來決定，因此可表現出四連桿機構的位置與姿勢。相對於此，屬於結構設計的三連桿結構則是用來固定動作的，稱為**桁架**。桁架結構的全部接頭都是可旋轉的活動接頭，而且互相結合。此外，桁架結構還可用於焊接接合的框。另外，我們將**剛性接點**所固定的骨架結構稱為**剛架**，而這些剛性接點是剛架的構件，並無法旋轉。

　　機械設計常常使用到桁架，你可先將結構做成三角形，即可算出作用於各構件的拉伸力與壓縮力。

各接頭可以
自由旋轉

各接頭不可自由旋轉

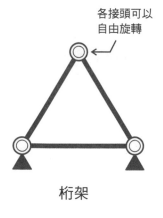

桁架

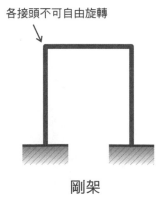

剛架

圖 23 桁架與剛架

此外，結構物的種類除了**骨架結構**，還有由薄板與補強材構成的**平板結構**，以及由曲面板與補強材構成的**殼結構**。

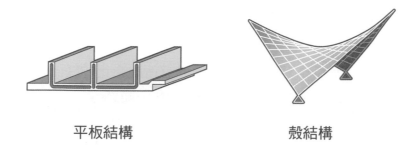

平板結構　　　　　　　　　　殼結構

圖 24 平板結構與殼結構

具代表性的結構解析方法是運用電腦的**有限元素分析法**（FEM）。有限元素分析法將物體分割成有限大小的元素，把物體當作元素的集合體來解析。進行結構解析時，可將實際的結構物想像成三角形元素的集合體，而這些三角形元素是由有限個接點構成。

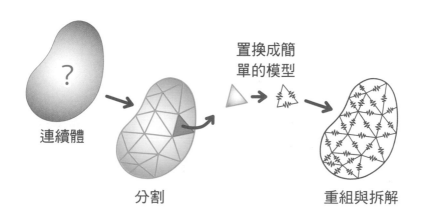

置換成簡
單的模型

連續體　　　　　　分割　　　　　　　重組與拆解

圖 25 有限元素分析法

● 降低應力集中

　　為了使應力集中變小，必須盡可能減少形狀急劇變化的高低落差與溝槽。如**圖 26** 所示，若對具有高低落差的圓棒施加拉伸負荷，各構件的應力與應變照理說可利用材料力學算出，但因為高低落差的型態不同，所以用有限元素分析法會比較好。亦即，將構件分割成三角形元素，計算各元素的應力與應變。

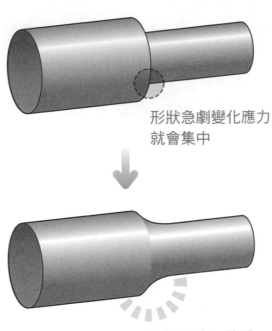

形狀急劇變化應力
就會集中

重新評估形狀即
可防止應力集中

圖 26 減少應力集中的方法

椅子的設計

設計物品最好使用「無堅不摧」的材料，但實際上並沒有絕對不會損壞的材料，因此，我們必須掌握各種材料的強度，以發揮最大效益。舉例來說，設計一人座的椅子，應該要先想好最多可承受幾公斤的力量吧？

因為沒有人的體重是 1000kg，所以這個椅子不必承受 1000kg 吧？但是有體重 100kg 的人，若 100kg 的人用力坐下，就會產生 100kg 以上的力量！所以，椅子必須承受比 100kg 還大的力量，例如 200kg。

圖 27 椅子的設計

其次，若要製作四支腳的椅子，可單純地假設一支腳會承受 200kg ÷ 4 = 50kg 的力量。但是，實際狀況中，四支腳所承受的力量不一定會這麼平均。所以各個腳所承受的力量應該估得比 50kg 大一點，例如 80kg。

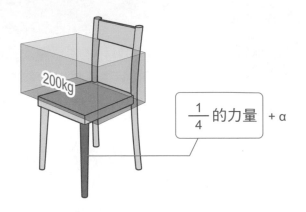

$\frac{1}{4}$ 的力量 + α

圖 28 預估作用於一支腳的力量

　　接下來，必須決定椅腳的材質和形狀。是要方便搬動的折疊式呢？還是要堅固有分量的椅子呢？或是特別樣式的椅子呢？當然，成本問題也必須納入考量。

除了可承受的力量，還要考慮用途、成本等條件。

圖 29 設計完成的椅子

　　此外，某些椅子雖然成功地畫成設計圖，但不見得對所有人來說都是最好的設計。在既定的條件內，思考如何將合適的材質放在合適的位置，實際製作出成品，即是**最佳設計**。

第4章
材料設計

機械經常使用以鋼鐵為主的金屬材料。但除了金屬，也會使用塑膠與陶瓷材料。想要知道如何選擇這些材料，就必須從設計中學習，將合適的材料放在合適的地方！

材料的性質

● 材料的性質

　　為了讓材料物盡其用，我們必須先了解材料的某些性質再來設計，但不是指「強」或「堅固」，這種模糊不清的表達方式，而是要將「多強」與「怎樣堅固」具體表示出來。

⊗ **強度**

　　以強度來說，拉伸應力所產生的拉伸強度、壓縮應力所產生的壓縮強度，以及剪斷力所產生的剪斷強度等，皆可反映作用力的方式與大小。應力的單位是表示作用於每單位面積的力，例如 [N/mm²] 與 [MPa] 等。

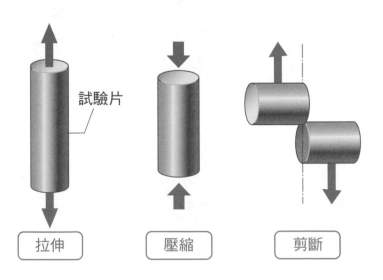

試驗片

| 拉伸 | 壓縮 | 剪斷 |

圖 1　材料的強度

硬度

　　硬度與強度不同，硬度不是物理量，它與數個物理性質相關，會根據測定方法來定義，是運用於工業的量值（工業量）。正因如此，現在已經沒有將硬度數值化的通用表示方法了！硬度試驗會測量球體落下的反彈量，或是硬度計壓頭所造成的凹陷。代表性的硬度試驗有下列四種：

　　蕭氏硬度試驗 [HS]：使球在試驗片上方的某個固定高度落下，接著以一個比值來表示球反彈的高度。這個方法不會對試驗片造成損傷，而且比較容易測量硬度。

　　維氏硬度試驗 [HV]：將正四角錐形的鑽石壓頭壓入試驗片，再用顯微鏡測量凹陷處的對角線長度，從截面積來計算硬度。

　　布氏硬度試驗 [HBS, HBW] 也是藉由壓入鋼球壓頭來測定硬度。**洛式硬度試驗** [HRC, HRB] 則是將超硬合金球壓頭壓入試驗片，再利用凹陷處來計算硬度。這兩者是簡化的試驗，因為布氏硬度試驗的測量與計算很費時。

　　最廣泛使用的硬度試驗是維氏硬度試驗，它的測量值可表示成200HV，而蕭氏硬度試驗的結果可表示成 200HS。200HV 與200HS 是不同硬度試驗的數值，所以並不相等。雖然有各硬度測量法的對應表，但這些對應表只取得某些材料的資料，僅能當作參考。

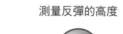
測量反彈的高度

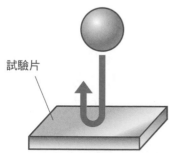
試驗片

蕭氏硬度試驗

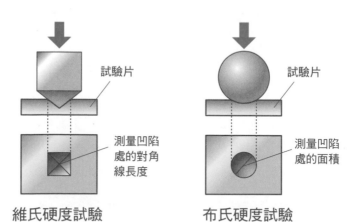

試驗片

測量凹陷處的對角線長度

維氏硬度試驗

試驗片

測量凹陷處的面積

布氏硬度試驗

圖 2 各種硬度試驗

⊗ 衝擊強度

　　與拉伸試驗的靜態變形不同，**衝擊試驗**是為了求出在極短時間內，遭受衝擊而變形的衝擊強度。衝擊試驗的主要目的是測量若施予衝擊，材料會吸收多少能量？此材料的耐受衝擊是弱還是強？而耐受衝擊強度弱的性質稱為**脆性**，強的則稱為**韌性**。

　　代表性的衝擊試驗是**沙丕（CHARPY）衝擊試驗**。使具有一定重量的擺錘從一定的高度 h 落下，撞擊有凹槽的試驗片，接著擺錘會往另一側的方向擺動、向上，再利用高度 h' 求出衝擊強度。

　　例如從 120° 的高度往下擺動的擺錘，衝撞試驗片後，擺動至 80° 的高度，其中相差 40° 的能量已被材料吸收，此即破壞的能量。此外，在每邊 10mm 的正方形截面角棒上，以銑刀切出一個小凹槽，即是沙丕衝擊試驗的試驗片。

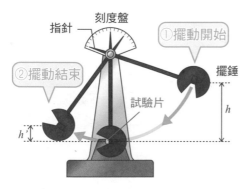
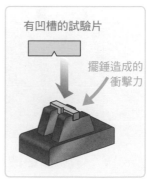

圖 3　沙丕衝擊試驗

⊗ 疲勞試驗

　　若對材料反覆施予負荷，只需比施加靜態負荷低很多的應力就能破壞材料。一般來說，達到破裂所需的反覆次數在 10^4 以下稱為**低週疲勞**，10^4 以上稱為**高週疲勞**，此外熱應力所造成的疲勞稱為**熱疲勞**。

　　疲勞試驗根據負荷的方向，可分成拉伸負荷、壓縮負荷、旋轉彎曲、平面彎曲以及扭轉負荷等。此外，疲勞試驗通常會隨著時間演進，施加變動的正弦波的應力波形。

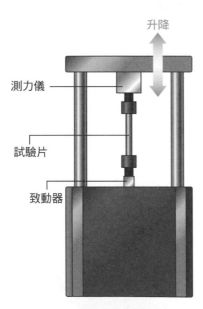

疲勞試驗機

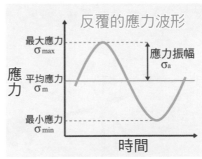

圖 4　疲勞試驗

⊗ 潛變

　　物體在一固定應力的作用下，隨時間演進而變形的現象，稱為潛變。金屬通常要在高溫下才會有此現象。塑膠與橡膠也有此現象。

　　潛變試驗在一定的溫度下，長時間（例如 1000 小時）對材料施加一定的拉伸負荷或壓縮負荷，並以固定的時間間隔記錄應變的變化，再以**潛變應變 - 時間曲線圖**來表示，亦即**潛變曲線**。多數的潛變應變是以暫態潛變（第 1 期）、穩態潛變（第 2 期）到加速潛變（第 3 期）的順序進行。

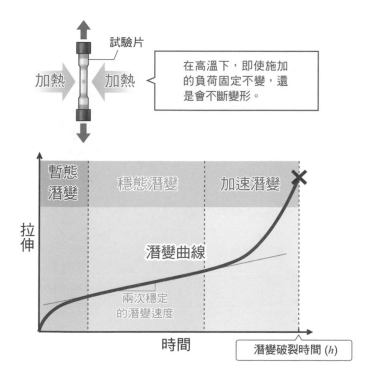

圖 5　潛變試驗

⊗ 磨耗

　　磨耗試驗探討材料表面的耐磨耗程度。讓一對試驗片以一定的負荷與速度進行滑動，測量此時的摩擦力，同時測量僅於預定距離內滑動的摩擦量，透過此方式，即可求出磨耗的情況與摩擦係數。

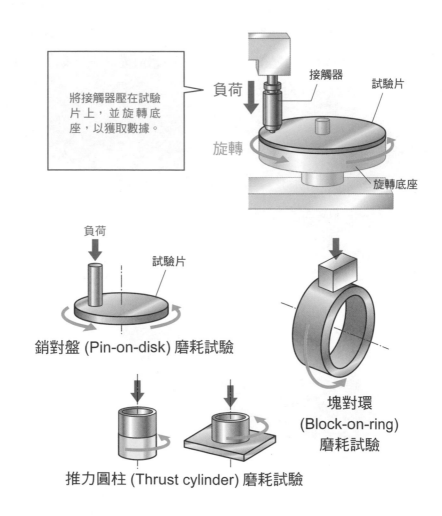

將接觸器壓在試驗片上，並旋轉底座，以獲取數據。

負荷

接觸器

試驗片

旋轉

旋轉底座

負荷

試驗片

銷對盤 (Pin-on-disk) 磨耗試驗

塊對環 (Block-on-ring) 磨耗試驗

推力圓柱 (Thrust cylinder) 磨耗試驗

圖 6　各種磨耗試驗

⊗ 腐蝕

　　金屬通常由氧化物與硫化物等礦石精煉（還原）而成，因此會與接觸到的氣體或金屬發生化學反應而**腐蝕**（氧化）。此時不只生鏽，材料厚度也會減少，出現孔洞。機械會因此故障損壞，所以我們必須求出材料對抗腐蝕的能力，亦即耐腐蝕性。

　　探討材料對抗腐蝕的能力，可利用各種腐蝕試驗。舉例來說，**鹽水噴霧試驗**是將試驗片置於大型的鹽水（5%）噴霧試驗裝置中，測量生鏽的狀態；**大氣暴露試驗**是將試驗片放在室外暴露一定的時間，測量因陽光、水、空氣、大氣污染物質所導致的生鏽狀態。

　　此外，塑膠材料在室外不容易劣化，這種可承受自然環境變化的性質稱為**耐候性**。

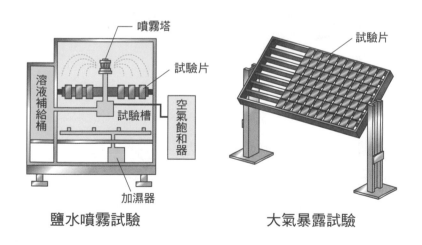

鹽水噴霧試驗　　　　　　大氣暴露試驗

圖 7　腐蝕試驗

⊗ 加工性

選用金屬材料必須考慮材料的**加工性**，亦即材料是否可加工成適當形狀的能力。加工性可再進一步分為切削性、延展性與可熔性等。

切削性

切削性是指金屬是否容易被切削，以切削阻力、使用工具的壽命、切削修整面的程度、切削屑的形狀與處理的難易度等特性來表示。舉例來說，主成分為鐵，且加入硫的快削鋼，即具有優秀的切削性。

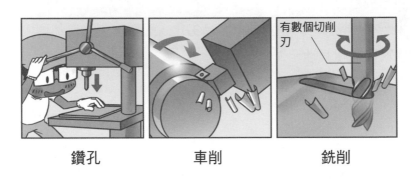

鑽孔　　　　　　車削　　　　　　銑削

圖 8　切削性

延展性

延展性是指材料不會破裂，可以變得柔軟的性質，是延性與展性的合稱。延性是指對材料施加拉伸負荷，材料變形的難易度；展性是指對材料施加壓縮負荷，材料變形的難易度。金即具有良好的延展性，1g 可以擴展至 1m²。機械的結構材料雖未使用金，但金可作為鐵系金屬壓延加工或彎曲加工的指標。

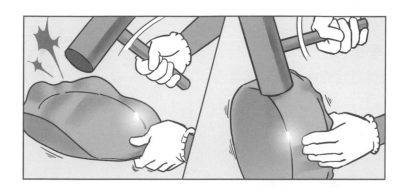

圖 9　延展性

可熔性

可熔性是指將金屬等固體加熱至某個溫度以上，金屬就會熔融，變成流動狀態的性質。可熔性可作為鑄造與熔接等加工作業的指標。流動狀態的材料可流至模型各個角落的性質，稱為流動性，這會影響金屬的鑄造性。而且，利用可熔性來熔接兩個板材時，會使用熔接性良好的材料。

鑄造性　　　　　　　　熔接性

圖 10 可熔性

電磁的性質

⊗ 導電性

材料通電的性質稱為**導電性**。材料容易通電就是指材料內部的電子容易移動；反之，不通電的性質稱為**絕緣性**。金屬通常具有良好的導電性，但我們仍需考慮各種金屬材料的導電性差異。另

圖 11 電流

一方面，塑膠材料通常具有良好的絕緣性，但也有**導電塑膠**這種物質。導電塑膠是榮獲諾貝爾化學獎的白川英樹先生的研究成果。

表示通電難易度的值，稱為**導電率**，單位為 $[\Omega \cdot m]$，此數值越小，表示越容易通電。最容易通電的金屬為銀，接著是銅、金、鋁，但因為銀和金的價錢較高，所以導線通常會用銅或鋁製作。有鎳與鉻的合金是具代表性的高導電率合金，即鎳鉻合金，常用於電熱線。此外，導電率會根據溫度與不純物的量等條件而變化。

原來鎳與鉻的合金稱為鎳鉻合金啊……這種合金的耐熱性好像很好耶！

⊗ 磁性

物質置於磁場中，會產生吸引與排斥的性質，稱為**磁性**。磁性分為三種：強磁性、常磁性與反磁性。如果設計者指定使用具有磁性的

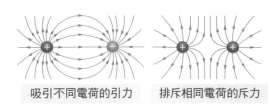

吸引不同電荷的引力　　排斥相同電荷的斥力

圖 12 磁性

螺絲，則醫療用測定器的精密度會受影響，因此應選用無磁性螺絲。

強磁性是指對某物施予外加磁場，此物容易被磁化成與外部磁場同方向的性質。依附在磁石上的就是具有強磁性的物質，鐵、鈷、鎳等即具有這種性質。**常磁性**是指對某物施予外加磁場，此物只有一部分被磁化成與外部磁場同方向的性質，例如鋁。**反磁性**是指對某物施予外加磁場，此物只有一部分被磁化成與外部磁場相反方向的性質。

鋼是鐵與鎳的合金，只要稍微塑性加工，結晶結構就會變化，本來不具磁性的物質會變成帶有磁性。

要不要安裝磁石是機械設計必須考慮的。我又增廣見聞了！

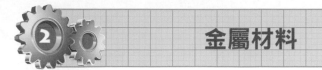

金屬材料

◉ 鋼鐵材料

　　機械設計所使用的代表性金屬材料，是以鐵為主成分的鋼鐵材料，但並不是鐵（iron）含量 100% 的純鐵，而是含碳（C）量最多為 2.14% 的**碳鋼**（steel）。碳鋼亦簡稱為鋼。碳鋼不只含有碳，亦含有矽（Si）、錳（Mn）、磷（P）與硫（S）等元素。

　　一般來說，人們廣泛使用的碳鋼，含碳量低於 0.60%，故可根據碳含量分為**軟鋼**與**硬鋼**。

　　以下將介紹 JIS（日本工業規格）所規定的代表性鋼鐵材料。

大項分類	細項分類	C(碳)%
軟鋼	特軟鋼	0.08％ 以下
	極軟鋼	0.08～0.12%
	軟鋼	0.12～0.20%
	半軟鋼	0.20～0.30%
硬鋼	半硬鋼	0.30～0.40%
	硬鋼	0.40～0.50%
	超硬鋼	0.50～0.60%

表 1　鋼的分類

✖ 一般結構用壓延鋼材

一般來說，車輛、建築物、船與鐵塔所使用的鋼材為**一般結構用壓延鋼材**，通常會加工成板狀與棒狀。這種材料取 Steel for Structure 的第一個字母，而命名為 **SS 材**。JIS 規定了四種 SS 材：SS330、SS400、SS490 與 SS540。以 SS400 為例，數值 400 是指拉伸強度的最低保證值 $400N/mm^2$，但是 JIS 並未規定材料所含的化學成分，所以 SS 材不適合進行熱處理。

✖ 機械結構用鋼

機械結構用鋼材比 SS 材可靠，可製成齒輪與軸等機械的活動元件，用於嚴酷的環境，亦稱為 **S–C 材**。JIS 規定了 S25C、S30C、S35C、S45C、S50C、S55C 等規格。舉例來說，S45C 是指含碳量 0.45%。此外，根據規定，不只是碳含量，矽、錳、磷與硫的成分亦有固定規範。但是，磷和硫都是雜質成分，所以必須低於 JIS 所定的值。S–C 材可藉由熱處理，來提升機械性質。

(%)

C	Si	Mn	P	S
0.42 ～ 0.48	0.15 ～ 0.35	0.60 ～ 0.90	0.030 以下	0.035 以下

表 2　S45C 的化學成分

⊗ 機械結構用合金鋼

　　SC 材的成分碳（C）、矽（Si）、錳（Mn）、磷（P）、硫（S），稱為**五大元素**。這些元素加上鉻（Cr）、鉬（Mo）與鎳（Ni）等，即可提升拉伸強度、硬度與耐腐蝕性等機械性質，這種合成多種元素的鋼材稱為**合金鋼**。

　　機械結構用合金鋼具有良好的耐磨耗性、耐腐蝕性與耐熱性等，種類包括：鉻鋼（SCr）、錳鋼（SMn）、錳鉻鋼（SMnC）、鉻鉬鋼（SCM）、鎳鉻鋼（SNC）等。

　　SCr430 是相當於**強韌鋼**的鋼材，拉伸強度比 780N/mm^2 的 SS 材還大，有良好的耐腐蝕性，因此廣泛應用於齒輪、螺栓、軸、工具等。強韌鋼可以提升機械性質，因此可在任何情況下進行淬火、退火等熱處理。

(%)

C	Si	Mn	P	S	Ni	Cr
0.28 〜 0.33	0.15 〜 0.35	0.60 〜 0.90	0.030 以下	0.030 以下	0.025 以下	0.90 〜 1.20

表 3　SCr430 的化學成分

自行車的車架就是使用鉻鉬鋼！

機械結構用合金鋼

⊗ 碳工具鋼

我們將使用碳鋼的工具鋼稱為**碳工具鋼**，可藉由淬火、回火來提升機械性質，硬度與耐磨耗性優異，因此可廣泛用於刀具與銼刀等切削工具。JIS 規定了十一種「SK 材」。

(%)

C	Si	Mn	P	S
1.30 〜 1.50	0.10 〜 0.35	0.10 〜 0.50	0.030 以下	0.030 以下

表 4　SK140 的化學成分

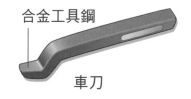

合金工具鋼

車刀

剪鉗　　碳工具鋼

⊗ 合金工具鋼

為了製造有一定厚度的工具，或做到快速切削，會為 SK 材添加鎢（W）、釩（V）、鉻（Cr）、鎳（Ni）等金屬，以提升耐磨耗性、耐衝擊性、耐熱性等機械性質，這種材料稱為**合金工具鋼**。

合金工具鋼依用途可分為下列幾種：切削工具用（SKS）、耐衝擊工具用（SKS）、冷作模具用（SKD）、熱作模具用鋼材（SKT）等。

SKS11 屬於切削工具用的合金工具鋼，可用於工作機械的車刀、冷拉模以及中心鑽等。

						(%)		
C	Si	Mn	P	S	Ni	Cr	W	V
1.20 〜 1.30	0.35 以下	0.50 以下	0.030 以下	0.030 以下	—	0.20 〜 0.50	3.00 〜 4.00	0.10 〜 0.30

表 5　SKS11 的化學成分

⊗ 耐腐蝕鋼、耐熱鋼

為提升鋼鐵材料的耐腐蝕性與耐熱性，而添加鉻（Cr）或鎳（Ni）所形成的鋼，稱為**耐腐蝕鋼、耐熱鋼**。JIS 的不鏽鋼材記號為 SUS，與 SUS304 一樣，可以加入型號來表示。此外，不鏽鋼（Stainless）是指不易生鏽的特殊用途鋼，又分為 13Cr（含 13% 的鉻）、18Cr（含 18% 的鉻）與 18Cr-8Ni（含 18% 的鉻與 8% 的鎳）等。

JIS 將 13Cr 定為 SUS410，不只具有耐腐蝕性，亦可藉由熱處理來提升機械性質，用於船舶與泵浦等會接觸水且要求強度的用途。

					(%)
C	Si	Mn	P	S	Cr
0.15 以下	0.50 以下	1.00 以下	0.040 以下	0.030 以下	11.50 〜 13.00

表 6　SUS410 的化學成分

水壺

耐腐蝕鋼　13Cr

18Cr 則定為 SUS430，耐腐蝕性比 13Cr 好，切削性比 18Cr-8Ni 好，加工硬化性亦佳，因此適合冷作加工，用於建材、日常用品、餐具等方面。

(%)

C	Si	Mn	P	S	Cr
0.12 以下	0.75 以下	1.00 以下	0.040 以下	0.030 以下	16.00 ~ 18.00

表 7　SUS430 的化學成分

餐具

18Cr-8Ni 定為 SUS304，不僅耐腐蝕性佳，耐熱性亦佳，因為含鎳所以價位較高。背面刻有 18-8 的湯匙與刀具，都是屬於這類不鏽鋼。

(%)

C	Si	Mn	P	S	Ni	Cr
0.08 以下	1.00 以下	2.00 以下	0.045 以下	0.030 以下	8.00 ~ 10.50	18.00 ~ 20.00

表 8　SUS304 的化學成分

此外，13Cr、18Cr 具有磁性，而 18Cr-8Ni 則不具磁性。

刀具、叉子

18Cr-8Ni

⊗ 鑄鐵

　　鋼添加比軟鋼與硬鋼多 2.14~6.67% 的碳,以及 1~3% 的矽,所形成的合金,稱為**鑄鐵**。純鐵的熔點為 1535℃,而碳鋼因為含碳,所以在製造過程中的熔點約 1400℃。相對於此,鑄鐵的熔點較低,為 1150~1200℃,且熔融後流入模具的流動性較佳,適於鑄造。相較於碳鋼,鑄鐵的拉伸強度較低、易脆,不適合用作結構材料,但硬度、耐磨耗性、耐熱性、耐腐蝕性皆優異,所以廣泛用於工作機械的底座,以及引擎氣缸周邊的各種元件。

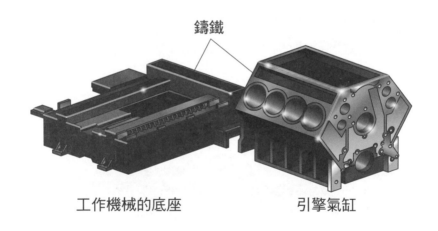

鑄鐵

工作機械的底座　　　　　　　引擎氣缸

圖 11 鑄鐵

軟鋼與硬鋼不易用目測來區別,但鑄鐵較黑,或許能看得出來,這是因為鑄鐵含碳量較多。

　　鑄鐵依化學成分，分為灰口鑄鐵、球狀石墨鑄鐵、可鍛鑄鐵、合金鑄鐵等。

　　灰口鑄鐵的碳是游離狀態的石墨。石墨的作用，使灰口鑄鐵適用於切削加工，但不適用於塑性加工與熔接。灰口鑄鐵亦可用於工作機械的主體，因為它具有吸收振動的能力，也就是衰減能力優異。此外，使用「灰口」這樣的字眼是因為斷裂面呈灰色。

　　JIS 規定了 FC100~FC350 等六種灰口鑄鐵的規格，FC200 的 200 與 SS400 的 400 同樣表示拉伸強度的最低保證值。從此數值可知，灰口鑄鐵的拉伸強度不大。

　　球狀石墨鑄鐵是為灰口鑄鐵所含有的片狀石墨添加鎂（Mg），再做成球狀，提升了耐磨耗性，所以又稱為**延性鑄鐵**。

　　JIS 規定了 FC370~FC800 等十六種球狀石墨鑄鐵規格，370 等數值與 FC200 的 200 一樣，表示拉伸強度的最低保證值，雖然拉伸強度較低，但球狀石墨鑄鐵的其他機械性質比灰口鑄鐵好。

灰口鑄鐵

因為斷裂面呈灰色，所以叫作灰口鑄鐵……

真的是這樣嗎？好想用顯微鏡觀察！

可鍛鑄鐵是讓不含石墨且鑄造性佳的白口鐵，經過各種熱處理，以提升材料延展性的鑄鐵，適用於水管配件等機械元件。依不同的熱處理方法，可分為黑心可鍛鑄鐵（FCMB）、白心可鍛鑄鐵（FCMW）、珠光體可鍛鑄鐵（FCMP）等。

　　合金鑄鐵是指為灰口鑄鐵或球狀石墨鑄鐵添加大量的合金元素，藉此提升耐腐蝕性、耐熱性的鑄鐵。舉例來說，含有鉻的高鉻鑄鐵，由於具有優異的耐熱性與耐磨耗性，因此可用於引擎的氣缸等。含有矽的高矽鑄鐵由於具有優異的耐腐蝕性，可用於會接觸各種溶液的泵浦與管線零件。

佛像也可以利用鑄造的方式製作吧！實際上是怎樣做出來的呢？

沒錯！但日本不太會用鐵鑄造佛像，主要是用銅。製作步驟是先做出原型，再倒入熔化的銅，最後鍍膜。即使是現在，寺廟的吊鐘還是用銅錫合金的青銅來製作。大型鑄物的製造非常令人震撼呢！

◉ 鋁

鋁（Al）是電與熱的優良導體，加工性佳，具有特殊的金屬光澤，是代表性的非鐵金屬材料。而且，相對於鐵的比重 7.85，鋁只有 2.7，約是鐵的三分之一，因此比較輕。

純鋁和純鐵一樣，不能用於工業，因為鋁的純度若達 100%，強度較差，所以一般會使用加入各種元素的鋁合金。

圖 12 鋁製品

JIS 規定了作成板狀或棒狀的拉伸鋁，以及倒入模具而成形的鑄鋁。它們皆藉由各種添加元素來增加強度與耐腐蝕性。

下頁用四位數的編號來區別各種合金成分，並針對拉伸鋁進行說明。

⊗ 拉伸鋁

‧1000 系列（純鋁系列）：A1070、A1080

這是由 99% 的鋁所構成的純鋁，雖然具有較佳的加工性、熱傳導性與電傳導性，但強度較低，因此不適用於結構材料。

‧2000 系列（Al-Cu-Mg 系列）

這種鋁合金添加了銅（Cu），而具有與鋼材相同的強度，用作飛機材料而聞名的**硬鋁**（A2017）與**超硬鋁**（A2024）皆屬於此系列。

但這種材料因為含銅而耐腐蝕性較低，且不適合熔接。

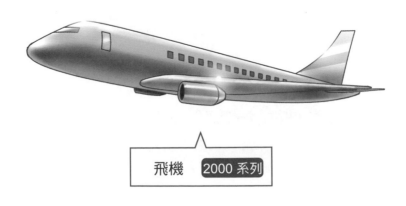

飛機　2000 系列

圖 13 飛機的 2000 系列

圖 14 鋁罐（3000 系列）與鍛造活塞（4000 系列）

・3000 系列（Al-Mn 系列）

這是一種添加錳（Mn）的鋁合金，不但不會降低純鋁材料的加工性與耐腐蝕性，還會稍微提升強度。JIS 規定了用於鋁罐的 A3004，以及用作建材的 A3005 等型號。

・4000 系列（Al-Si 系列）

這是一種添加矽（Si）的鋁合金，具有良好的耐磨耗性與耐熱性，且有熱膨脹率小的特徵。JIS 規定了 A4032，多用於引擎的鍛造活塞等耐磨耗元件。

・5000 系列（Al-Mg 系列）

這是一種添加鎂（Mg）的鋁合金，具有良好的耐腐蝕性、熔接性與強度。JIS 規定了具有中強度的 A5052，以及高強度的 A5182、A5083 等型號，廣泛地用於車輛、船舶與建材等。

・6000 系列（Al-Mg-Si 系列）

這是一種添加鎂（Mg）與矽（Si）的鋁合金，具有與 SS400 相同程度的強度，以及良好的耐腐蝕性，但不利於熔接，因此多用於以螺栓和螺帽接合的情況。JIS 規定了 A6061 與 A6063 等型號，廣泛用於窗框與欄杆等結構。

・7000 系列（Al-Zn-Mg 系列）

這是一種添加鋅（Zn）與鎂（Mg）的鋁合金，可藉由熱處理來顯現最大強度。

JIS 規定了 A7075 與 A7N01 等型號，其中 A7075（超硬鋁）是 Al-Zn-Mg 合金加入銅，所形成的 Al-Zn-Mg-Cu 合金，可用於飛機；而 A7N01 則用於新幹線等鐵道車輛，這些材料都具有 $600N/mm^2$ 的強度。

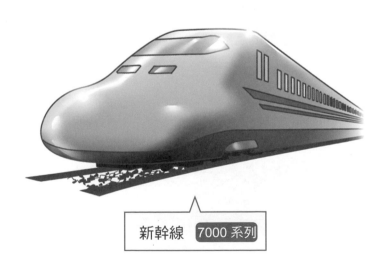

新幹線 7000 系列

圖 15 用於飛機與新幹線的 7000 系列

⬡ 銅

銅和鋁同樣是電、熱的良好導體,是加工性良好的材料。銅的比重為 8.94,比鐵的 7.85 大一點。銅原本是茶褐色,但加了鋅就會變成除了金以外,唯一會呈金色的黃銅。

圖 16 銅製品

根據 JIS,銅與銅合金的分類包含 1000 系列的純銅、2000 系列與它之後的各種銅合金。

·1000 系列(純銅系列)

這是一種幾乎不含氧的純銅,是電與熱的良好導體。JIS 規定了 C1020(無氧銅)、C1100(紫銅)、C1201(磷脫氧銅)等型號。

·2000 系列(Cu-Zn 系列)

這是一種添加鋅(Zn)的銅合金,一般稱為黃銅,被大量使用且種類豐富。特性依鋅的添加量而有所變化,分為:含鋅量 5~20% 的黃銅(C2100,又稱丹銅),含鋅量 30% 的七三黃銅(C2600, C2680),含鋅量 40% 的六四黃銅(C2800, C2801)。

屬於銅合金的黃銅具有良好的機械性質、拉伸強度與延展性，因此廣泛用於機械、電器、建築等，亦可製作成金色的裝飾品。

・3000 系列（Cu-Pb 系列）

　　這是一種添加鉛（Pb）的黃銅，切削性優良。此種快削黃銅（C3560 等）常用於螺栓、螺帽、齒輪與樂器。

螺栓

・4000 系列（Cu-Zn-Sn 系列）

　　這是一種為了因應鋅腐蝕的嚴苛環境，而添加錫的含錫黃銅（C4250），具有優秀的耐磨耗性與彈性，因此多用於開關與繼電器等電子零件。海軍黃銅（C4621, C4640）具有耐腐蝕性，耐海水性尤佳，故多用於船舶。

・5000 系列（Cu-Sn 系列）

　　這是一種添加錫的銅合金，稱為青銅，若再添加磷（P）即可獲得磷青銅（C5050 等）或彈性優異的彈簧用磷青銅（C5210）。雖然可用於各種電子元件，但因為價格比黃銅貴，所以並沒有像黃銅那樣被廣泛使用。

・6000 系列（Cu-Al-Fe-Mn-Ni 系列）

　　這是一種以銅（Cu）與鋁（Al）為主成分的合金，添加鐵（Fe）、錳（Mn）、鎳（Ni）等金屬而得的合金，具有優秀的硬度與耐腐蝕性，耐海水性的程度與不鏽鋼相同，因此可用於船舶。

・7000 系列（Cu-Ni 系列、Cu-Ni-Zn 系列）

　　這是添加鎳（Ni）的銅合金，顏色偏白，因此從很久以前就被用於製造硬幣。白銅（C7060）即使處於高溫也能保有強度，亦具有優秀的耐腐蝕性與耐海水性，因此可用於熱交換器。鎳加鋅的銅合金稱為鋅白銅（C7521, C7541），疲勞強度與彈性皆優異，因此不只可用於硬幣與裝飾品，亦可用於電子元件與彈簧等。

日幣一百元

日幣的五元硬幣是黃銅，十元硬幣是銅，連五十元、一百元與五百元這些白色的硬幣，也是銅合金作成。十元硬幣的成份是青銅，即銅與錫的合金；五十元和一百元硬幣的成份是白銅，即銅與鎳的合金；五百元硬幣的成份是鎳黃銅，即銅、鋅及鎳的合金。我又學了很多知識呢！

⬡ 鈦

鈦具有和白金、金相同程度的高耐腐蝕性,且具有下列特徵:熔點為 1668℃,比鐵的熔點 1530℃還高;比重為 4.51,比鐵的比重 7.86 小。

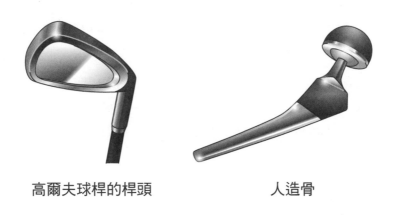

高爾夫球桿的桿頭　　　　　　　人造骨

圖 17 鈦的用途

鈦大致可分為純鈦與鈦合金,純鈦依拉伸強度的不同而分成四種。第四種(TP550)的強度最大,拉伸強度為 550~750N/mm²。

鈦合金大致可分為下列兩種:一種是為了提升耐腐蝕性,而添加微量的鉑族元素;另一種是為了提升機械強度與加工性,添加了鋁(Al)與釩(V)等元素。此外,64 鈦合金(Ti-6Al-4V)不僅具延展性與韌性,還有優異的加工性與熔接性,且拉伸強度超過 1000N/mm²,因此廣泛用於飛機、人造骨與植入物等醫療用品,亦用於汽車、高爾夫球桿的桿頭等。

塑膠材料

⬡ 塑膠材料

塑膠材料是以石油為主要原料的**高分子材料**總稱，它因具有下列特性，而被廣泛使用：比金屬輕、具優異的耐腐蝕性、不需要鍍膜等表面處理。塑膠材料的性質大致分為：加熱會軟化的**熱塑性**，以及加熱會硬化的**熱固性**。

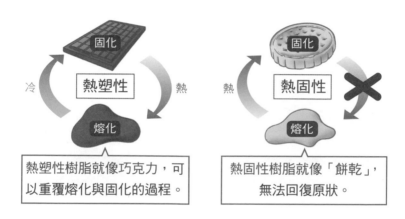

圖 18 塑膠材料

⬡ 塑膠材料的種類

常用的熱塑性樹脂有下列幾種：用於塑膠袋與保鮮膜的聚乙烯（PE），用於家電零件與食品容器的聚丙烯（PP），用於隔板、托盤以及家電外殼的聚苯乙烯（PS），具有優異的透明度而用於容器、水槽與隱形眼鏡的聚甲基丙烯酸甲酯樹脂（PMMA，又稱為丙烯酸樹脂），用於水管、接頭與軟管，且因含氯而必須避免焚燒

的聚氯乙烯（PVC），用於寶特瓶、隔板與膜的聚對苯二甲酸乙二酯（PET）等。

我們把提升了常用樹脂的拉伸強度、彎曲強度、耐衝擊性等機械性質，而運用於工業的材料，稱為**工程塑膠**。

熱塑性的工程塑膠有下列幾種：用於齒輪、軸承與凸輪等機械元件，而且又稱為尼龍的聚醯胺（PA）、聚縮醛（POM）、聚碳酸酯（PC），以及具有拉伸強度與最高耐熱性的聚醚醚酮（PEEK）。

熱固性的工程塑膠有下列幾種：用於電子元件與機械元件的酚醛樹脂（PF），用於化妝品容器與照明器具的尿素甲醛樹脂（UF），絕緣性優異而用於電子迴路基板與 IC 的密封劑、接著劑、塗料的環氧樹脂（EP）。

工程塑膠不只具有拉伸強度、彎曲強度與耐衝擊性，耐熱性也被強化了，因此就算在某種程度的高溫環境下，也不會立刻變形。

◉ 複合材料

　　此處所介紹的塑膠材料，強度不會隨拉伸方向改變，這種強度與拉伸方向無關的材料稱為**等向性材料**。相反地，與木材一樣具有纖維方向的材料，拉伸方向若與纖維方向相同則強度較高，若垂直則強度沒那麼高，這種材料稱為**非均向性材料**，必須根據承受負荷的方向來掌握各部位的應力。

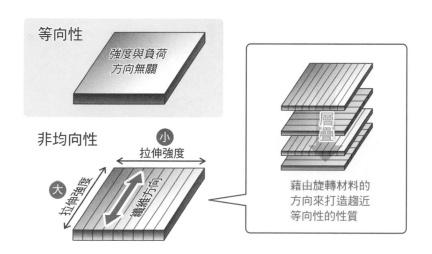

圖 20 等向性與非均向性

　　利用纖維來強化的塑膠材料，稱為**纖維強化塑膠**（FRP：Fiber Rainforced Plastics）。而拉伸強度、耐熱性、耐燃性與絕緣性皆優異的玻璃纖維與樹脂組合成的**玻璃纖維強化塑膠**（GFRP），則廣泛用於電子元件、汽車、船舶、醫療與電信相關構件的防護罩。

既輕巧又具有強度的碳纖維與樹脂組合成的**碳纖維強化塑膠**（CFRP），廣泛用於飛機機體等航空機械，以及網球拍與高爾夫球桿等運動用品。

綠色部分 = 複合材料 (FRP)

圖 21 用於飛機的 FRP 複合材料

沒想到塑膠有那麼多種類！

尤其是複合材料，為了讓飛機既輕巧又堅固，人們做了許多研究呢！中型客機波音 787 有一半以上的機體使用了碳纖維強化塑膠。由於碳纖維的比重只有鐵的四分之一，強度卻有十倍，所以輕量化的效果比鋁好很多。

陶瓷材料

⬡ 陶瓷材料

陶瓷材料的硬度、不易燃、不生鏽等特點,比金屬材料好。陶瓷原本是黏土的燒製物,但從一九八○年代起,人們就開發了具有耐熱性、電性特性、光學特性等功能的陶瓷,稱為**精密陶瓷**。

硬度　不易燃　不生鏽

圖 22 陶瓷

⬡ 陶瓷材料的種類

⊗ 結構陶瓷

具有高強度、耐磨耗性、耐腐蝕性、耐熱性的結構陶瓷,又分為氮化矽(Si_3N_4)與碳化矽(SiC)等。氮化矽具有即使在高溫下,也不會降低強度的性能,可用於汽車引擎渦輪增壓器的燃氣渦輪等,而且人們期盼能進一步擴大它的用途。

渦輪增壓器的轉輪

圖 23 結構陶瓷

　　由於碳化矽在高強度與高溫下，仍具有優異的耐熱性，因此有望作為機械滑動元件的軸承與半導體材料。

⊗ 電子陶瓷

　　電子陶瓷可做成運用介電質的電容、運用熱電性來檢測溫度變化的人體檢出感測器、運用壓電性來增加物理壓力且改變電荷的喇叭與電子打火機等。此外，許多電子機械都運用了各種陶瓷材料。其中，陶瓷風扇加熱器運用由鈦酸鋇與添加物組成的陶瓷材料，將它的 PTC（Positive temperature coefficient，正溫度係數）用於供應熱源。

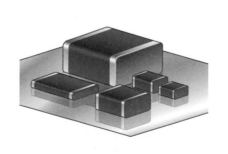

陶瓷電容

陶瓷風扇加熱器

圖 24 電子機械的陶瓷材料

⊗ 生物體陶瓷（生物陶瓷）

　　陶瓷材料與金屬材料、塑膠材料相比，在生物體內較安定且具有親和性，因此可作為生物體陶瓷，應用於人造骨、人造關節與人造齒等。

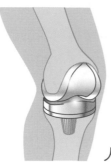

人造關節　　　　　　　　　　　　　　　人造齒

圖 25　生物體陶瓷

⊗ 陶瓷複合材料

　　以陶瓷纖維作為加強材的**陶瓷複合材料**（CMC:Ceramic Matrix Composites），是輕量型高強度的耐熱材料，多用於航空機械的噴射引擎與太空輸送系統等。

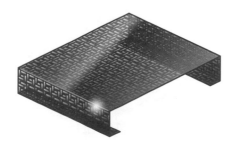

圖 26　陶瓷複合材料

結構設計與材料設計

　　一般來說，機械的設計者會從既有的材料中，選出適當的材料來製作機械。如同截面係數給我們的啟示，我們知道相同的材料做成不同的形狀，即可發揮材料的最大強度，我們稱這種設計方式為結構設計。然而，如果光靠改變形狀仍不能保證強度，人們總是會想：「好想要更輕、更堅固的材料！」「好想要即使處於高溫，強度也不會減低的材料！」「好想要即使在海中，也不會生鏽的材料！」開發新材料的研究者，每天都為了能創造出性能更好的材料，而持續研究著，這樣的工作我們稱為材料設計。順便一提，開發材料的人與其說是設計機械的機械工程師，不如說是操控化學反應的化學工程師，這兩者的專業領域有點不同。

　　材料的性質很複雜，即使只有考量和強度有關的機械性質，也包含了拉伸強度、壓縮強度、彎曲強度等多種特性，也就是說，要開發高強度的新材料，必須一一進行這些與強度有關的試驗，並使這種新材料全面符合這些條件。有時即使拉伸強度變大了，彎曲強度也可能變小，所以必須做完這些試驗，調查所有基本的強度特性，新材料才可以上市。

　　透過這種方式，讓結構設計與材料設計合作，即可奠定機械設計的基礎。

第5章
元件設計

各種機械皆會共用各式各樣的元件,所以我們要學的不是利用材料製作元件,而是依據材料特性來挑選已標準化的機械元件與電子元件。

◯ 螺絲

　　螺絲是最具代表性的**機械元件**，在我們身邊的機械與建築物都有用到螺絲。螺絲最大的作用是將構成機械的各個元件，穩固地結合在一起，它與熔接的不同在於，螺絲是用於既要準確地結合，又要能夠拆除的部分。螺絲也可以用在工作機械需要活動的部分，以傳遞動作。

　　機械元件一定要能通用於各種機械，因此將各種尺寸的機械元件標準化會比較方便。ISO（國際標準化組織）制定了全世界通用的規格，JIS（日本工業規格）則制定了日本的國內規格。這兩者基本上是相同的系統，會一起更動，但因為各自保留了過去的使用習慣，因此至今仍沒有全部統一，所以 JIS 會將自己慣用的規格作成附錄，保留下來。

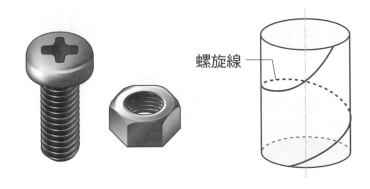

螺旋線

圖 1　各種螺絲

⊗ 陽螺紋與陰螺紋

　　螺紋是順著圓筒或圓錐的表面，加上螺旋狀溝槽。將直角三角形的紙捲起來做成圓筒，在斜面上形成的曲線，就稱為**螺旋線**。螺絲的螺紋是**陽螺紋**，螺紋的峰是沿著螺紋線，往圓筒表面的外側凸出；反之，螺絲孔的螺紋則是**陰螺紋**。此外，我們將圓筒的直徑稱作**節圓直徑**，陽螺紋的最大直徑稱作**外徑**，陰螺紋的最大直徑稱作**谷徑**。

　　在螺絲的表面上有許多峰，相鄰兩峰的間隔稱為**螺距**（pitch）。不同的螺絲直徑，各有固定的螺距。此外，螺紋旋轉一周，沿軸方向推進的距離，稱為**螺紋導程**（lead）。

　　重要的是，陽螺紋的最大直徑稱為**外徑**，最小直徑則稱為**谷徑**；陰螺紋的最小直徑則稱為**內徑**，最大直徑稱為**谷徑**。此外，螺絲的強度取決於**有效直徑**。有效直徑是指當螺紋溝的寬度與螺紋山的寬度相等，所假想的圓筒直徑。

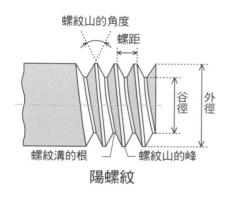
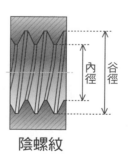

陽螺紋　　　　　　　**陰螺紋**

圖 2　陽螺紋與陰螺紋

✖ 右螺紋與左螺紋

　　大多數螺紋的螺旋線都是順時鐘旋轉的，稱**右螺紋**；但也有逆時鐘旋轉的螺旋線，稱為**左螺紋**。舉例來說，安裝於馬達的葉輪是順時鐘旋轉，若還使用右螺紋的螺絲，去把葉輪固定於馬達，螺絲就會因為葉輪的轉動而鬆脫，因此這個位置必須用左螺紋的螺絲。

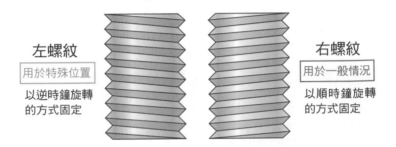

左螺紋
用於特殊位置
以逆時鐘旋轉
的方式固定

右螺紋
用於一般情況
以順時鐘旋轉
的方式固定

圖 3　左螺紋與右螺紋

✖ 小螺釘

　　一般來說，陽螺紋的外徑小於 8mm 的螺絲，稱為**小螺釘**，且可根據頭部形狀分成數種類型。

　　ISO 規定了以下幾種類型：**鍋頭**（又稱圓頭），上端附有圓形的頭部，就像一顆剖半的丸子；**盤頭**（又稱平頭），上端平坦且承載面為圓形；**沉頭**（又稱半圓頭），盤頭表面略為凸出。JIS 則規定了下列數種：**扁圓頭**（truss），圓頭的底邊截掉一小段；**扁圓柱頭**（binding），頂部為圓形的座台形狀。

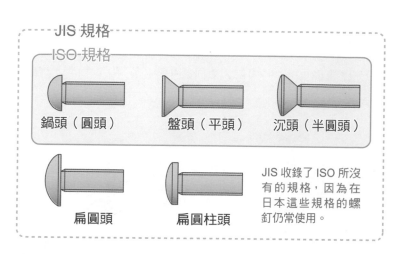

圖 4　小螺釘的各種樣式

　　小螺釘具有代表性的凹槽形狀則有：加號形狀的**十字槽**，以及減號形狀的**一字槽**。一字槽的結合力比十字槽不穩定，所以較少用。JIS 規定的十字槽有三種形狀：H 形、Z 形、S 形。此外，也有設計成三角形與星形等特殊形狀的凹槽，為了不讓螺釘被輕易取下，人們亦創造了**禁止移動螺釘**。

圖 5　小螺釘頭部的凹槽

✖ 比小螺釘還大的螺栓

外徑比小螺釘還大的代表性螺栓，是具有六角形頭部的**六角螺栓**，以及圓筒形頭部、具有六角形凹槽（沉孔）的**內六角承窩螺栓**（內六角蝸栓）。

六角螺栓　　　　　　　　內六角承窩螺栓

圖6　六角螺栓與內六角承窩螺栓

一般公制螺紋是將外徑 3mm、長度 10mm 的陽螺紋，表示為 M3×10。但我有個疑問，螺紋的長度 10mm 是指哪個部分呢？是加上頭部的厚度嗎？我搞不清楚！

不錯！你有注意到這點。我很意外有人不知道這一點呢！螺絲長度一般是指頭部以下至底端的長度，只有「盤頭」是指加上頭部的長度，因為它的頭部大多不會外露於機械的表面。請記住這一點。

⊗ 螺帽

　　螺帽具有陰螺紋，會與螺栓配成套。代表性的螺帽是六角形的**六角螺帽**。若六角螺帽的其中一面為半球狀，且未貫通螺絲孔，則稱為**六角圓蓋形螺帽**。這種螺帽因為將螺栓隱藏起來了，所以既美觀又安全。

六角螺帽　　　　　　六角圓蓋形螺帽

圖 7　各式各樣的螺帽

　　兩個六角螺帽相疊所形成的螺帽稱為**雙螺帽**。採取這種方式，螺帽之間的拉伸力，亦即軸向力，會發生作用，將兩個螺帽轉緊，使螺栓沒有間隙，而不會鬆動。

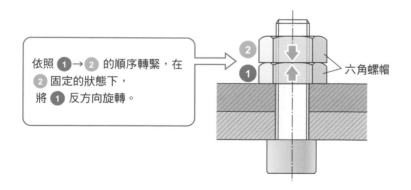

依照 **1** → **2** 的順序轉緊，在 **2** 固定的狀態下，將 **1** 反方向旋轉。

六角螺帽

圖 8　雙螺帽

⊗ 墊片

　　要轉緊小螺釘、螺栓與螺帽，必須在中間夾入中心具有通孔的板狀零件，此即**墊片**。**平墊片**是平面圓盤狀，通孔比螺絲大，且為軟性材料，用於軸向力的座面不夠的情況。將平墊片切斷，並扭開缺口，而產生彈簧作用的墊片，稱為彈簧墊片，具有比平墊片更強的彈力。

平墊片　　　　　　　　　彈簧墊片

圖 9　平墊片與彈簧墊片

⊗ 組合螺絲（栓）

　　將孔徑比螺絲外徑小的墊片，套進螺絲的頭部下方，即為組合螺絲。使用的墊片形式有下列幾種：彈簧墊片一枚、平墊片一枚，以及彈簧墊片與平墊片各一枚。使用組合螺釘可以省去放入墊片的工夫，有利於大量生產。

一開始就套進去
所以不會脫落！

圖 10 組合螺絲

⊗ 螺栓與螺帽的強度等級

　　機械設計會預估作用於各部位的負荷大小，使負荷在彈性區域內，而不落入塑性區域（參考 P.57）。**螺栓的強度等級**也是遵循這樣的思考方式，規定了 3.6 ～ 12.9 的十個階段，如**表 1**。此處，d 為螺栓（螺絲）的直徑 [mm]。舉例來說，最大強度等級 12.9 表示拉伸強度 1200N/mm²，是 12 的 100 倍。此外，0.9 是 1200 的 0.9 倍，即 1080N/mm²，負荷小於 1080N/mm² 都不會因塑性變形而產生永久應變。

螺栓的強度等級	3.6	4.6	4.8	5.6	5.8	6.8	8.8		9.8	10.9	12.9
							d≦16	d≧16			
最小拉伸強度 (N/mm²)	330	400	420	500	520	600	800	830	900	1040	1220

表 1　螺栓的強度

　　若沒有使用與螺栓強度相對應的螺帽，會導致強度較弱的螺栓破損，因此螺栓必須與具有適當強度的螺帽一起使用。如**表 2** 所示，**螺帽的強度等級**會對應到直徑，定為七個階段。

螺帽的強度等級	組合螺栓		組合螺栓	
	強度等級	螺栓的公稱直徑範圍	螺栓的公稱直徑範圍	
			樣式 1	樣式 2
4	3.6、4.6、4.8	＞M16	＞M16	—
5	3.6、4.6、4.8	≦M16	≦M39	—
	5.6、5.8	≦M39		
6	6.8	≦M39	≦M39	—
8	8.8	≦M39	≦M39	＞M16
				≦M39
9	9.8	≦M39	—	≦M16
10	10.9	≦M39	≦M39	—
12	12.9	≦M39	≦M16	≦M39

表 2　螺帽的強度等級

⬡ 齒輪

　　齒輪是傳遞機械旋轉運動的代表性機械元件。在一個假想的摩擦輪的周圍做出許多的齒，即為齒輪。齒的形狀有很多種，它透過囓合來傳遞旋轉與動力，而且能夠定位。

圖 11　齒輪

⊗ 齒輪的各部位名稱

　　齒輪各部位的名稱記於**圖 12**。各齒的頂端相連而成的最大圓稱為**齒冠圓**，各齒的根部相連而成的圓則稱為**齒根圓**。而囓合的兩個齒輪相互接觸的點稱為**節點**，而這些節點相連而成的圓稱為**節圓**。在節圓上，從一齒到另一齒的距離稱為周節。而節圓與一個齒接觸的部分稱為**圓周齒厚**，亦稱齒厚，未接觸的部分稱為**齒間**。齒冠圓與齒根圓之間的差距即是齒的高度，稱為**齒全高**。齒冠圓至節圓的距離稱為**齒冠高**，節圓至齒根圓的距離稱為**齒根高**。此外，齒寬就是指齒的深度。

　　若齒輪相互囓合的齒，形狀相等，即可準確地旋轉。換言之，節圓的大小不同，但齒的形狀相等，即可囓合。

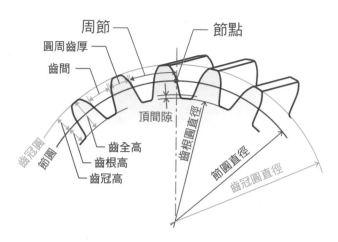

周節　　　　　　　　節點
圓周齒厚
齒間
頂間隙
齒冠圓
節圓
齒全高
齒根高
齒冠高
齒根圓直徑
節圓直徑
齒冠圓直徑

圖 12 齒輪的各部位名稱

齒的大小以模數 m 來表示，亦即節圓的直徑 d[mm] 除以齒數 z[齒] 所得的值：

$$模數\ m = \frac{節圓直徑\ d}{齒數\ z}$$

JIS 規定模數的標準值有 1、1.25、1.5、2、3、4、5、6、8、10 等。

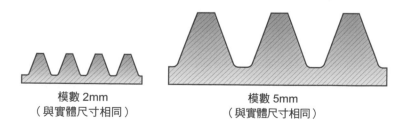

模數 2mm
（與實體尺寸相同）

模數 5mm
（與實體尺寸相同）

圖 13 模數

⊗ 齒輪曲線

為了讓齒輪滑順地嚙合，人們研究了各種齒輪曲線。現在 JIS 所採用的**漸開曲線齒形**，即使嚙合的兩個齒輪，中心軸的距離稍微錯開了，也能正確嚙合，而且這種齒輪的齒根粗又堅固、齒形製作比較容易。漸開曲線就是將緊緊繞在圓周的線解開，線上的某一點所描繪的軌跡。

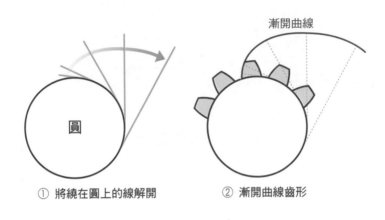

① 將繞在圓上的線解開　　　② 漸開曲線齒形

圖 14 漸開曲線與漸開線齒形

標準正齒輪是具代表性的齒輪形狀，**圖 15** 是它的各部位尺寸。齒數以 z 表示，模數以 m 表示，則節圓直徑 d 可表示為 $d = mz$，而包含齒冠外徑的齒冠圓 d_a 則表示為 $d_a = m(z+2)$。超過節圓的齒高稱為**齒冠高** h_a，此數值與模數相同，故表示為 $h_a = m$。而低於節圓的齒高稱為**齒根高** h_f，是模數的 1.25 倍以上，故表示為 $h_f \geq 1.25\ m$。因此，齒冠高 h_a 與齒根高 h_f 合起來即為**齒全高** h，表示為 $h \geq 2.25\ m$。

而且，一齒輪的齒根高 h_f 與另一齒輪的齒冠高 h_a 差值稱為**間隙** c，表示為 $c = h_f - h_a \geqq 1.25\,m - m \geqq 0.25\,m$。節圓方向的齒厚稱為圓周齒厚 s，表示為 $s = \pi m / 2$。此外，為了能滑順地旋轉，兩個嚙合的齒輪會設有少許的**齒隙**。

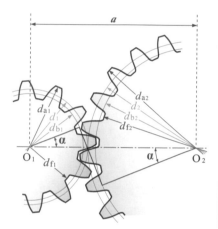

	計算項目	符號	表示方式
1	模數	m	
2	基準壓力角	α	-
3	齒數	z	
4	中心距離	a	$\dfrac{(z_1 + z_2)\,m}{2}$
5	節圓直徑	d	zm
6	基圓直徑	d_b	$d_0 \cos \alpha_0$
7	齒冠高	h_a	$1.00\,m$
8	齒全高	h	$2.25\,m$
9	齒冠圓直徑	d_a	$d_0 + 2\,m$
10	齒根圓直徑	d_f	$d_0 - 2.5m$

圖 15 標準正齒輪的各部位尺寸

我以前都不知道齒輪的形狀這麼深奧！為了讓齒輪滑順地嚙合，必須花費許多工夫呢！

對啊！剛開始人們都是憑經驗與直覺來製作，後來才運用幾何學來研究，好不容易懂得利用漸開曲線。

⊗ 兩軸平行的齒輪

齒輪根據兩軸位置與齒筋形狀等條件來分類。此處，先依兩軸是否平行或相交大致分類，再分成數種。

正齒輪的齒筋形狀與軸平行，是具有直線狀齒形的齒輪，廣泛用於動力傳遞。它的旋轉方向與兩軸垂直，因此軸方向上不會產生斜向的力，比較容易製作。

斜齒輪又稱**螺旋齒輪**，是一種齒筋相對於軸呈斜向的齒輪。相較於正齒輪，斜齒輪的噪音小、振動小，且嚙合滑順，但會有斜向作用於軸的推力，製作起來比正齒輪困難。

人字齒輪是將兩個齒筋方向相反的斜齒輪，組合成一個齒輪。由於這兩組齒輪的推力以反方向作用，因此可相互抵銷，進而高速旋轉，強度較大，可用於大型的減速裝置。

齒條是將正齒輪做成長條狀，可與齒輪較少的**小齒輪**一起使用。組合齒條與小齒輪，即可使旋轉運動與直線運動互換，用於各式各樣的機構。此外，它的齒筋不只有直線狀，也有高強度的斜齒狀。

內齒輪（internal gears，又稱作環形齒輪）是一種圓筒內側切割成齒狀的齒輪；外側切割成齒狀的正齒輪則屬於**外齒輪**。內齒輪會與外齒輪一起使用，而這種組合會用在能夠大幅減速的**行星齒輪裝置**。

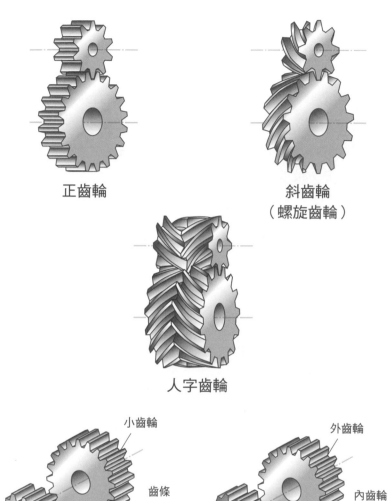

正齒輪

斜齒輪
（螺旋齒輪）

人字齒輪

齒條與小齒輪

內齒輪與外齒輪

圖 16　兩軸平行的齒輪

⊗ 兩軸相交的齒輪

　　傘齒輪是用於相交的兩軸，依齒筋的種類可分成數種。

　　直齒傘齒輪是齒筋方向與節圓錐方向一致的一般傘齒輪。此外，兩個相交的傘齒輪，齒數相同，即稱為**等比傘齒輪**，這種情況的節面會成 45°。**斜齒傘齒輪**是直線狀齒筋的方向與節圓錐方向不一致的傘齒輪，嚙合面積比直齒傘齒輪大，因此強度較大，且噪音與振動較小。**彎齒傘齒輪**是齒筋為曲線狀的傘齒輪，強度比斜齒傘齒輪大，可用於高承載的傳動。

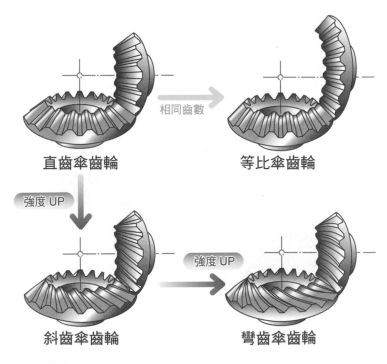

直齒傘齒輪　　　　相同齒數　　　　等比傘齒輪

強度 UP　　　　　　　強度 UP

斜齒傘齒輪　　　　　　　彎齒傘齒輪

圖 17 兩軸相交的齒輪

⊗ 齒輪的速比（減速比）

傳遞旋轉動力的驅動齒輪，旋轉速度以 n_1[min⁻¹] 來表示，齒數以 z_1[齒] 表示，節圓直徑以 d_1[mm] 表示；而被動齒輪的旋轉速度以 n_2[min⁻¹] 表示，齒數以 z_2[齒] 表示，節圓直徑以 d_2[mm] 表示，並以 n_1 與 n_2 的比作為**速比** i，則可以用下列公式來表示。此處的 [min⁻¹] 是表示一分鐘內的旋轉數所具有的旋轉速度。

$$i = \frac{n_1}{n_2} = \frac{d_2}{d_1} = \frac{mz_2}{mz_1} = \frac{z_2}{z_1}$$

此外，若以節圓直徑小的齒輪為驅動齒輪，即可做成減速裝置；若以節圓直徑大的齒輪為驅動齒輪，則可做成加速裝置。驅動齒輪與被動齒輪的中心距離 a[mm]，以下列公式表示：

$$a = \frac{d_1 + d_2}{2} = \frac{m(z_1 + z_2)}{2}$$

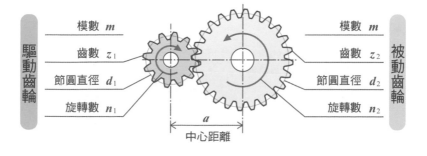

圖 18 齒輪的速比

計算問題

設驅動齒輪在一分鐘內旋轉 400 轉，請求被動齒輪的旋轉速度，並求出齒輪的中心距離。其中，驅動齒輪的齒數為 20 齒，被動齒輪的齒數為 80 齒，驅動齒輪的節圓直徑為 40mm，被動齒輪的節圓直徑為 160mm。

[答案]

速比 $i = \frac{z_2}{z_1} = \frac{80}{20} = 4$

因此，被動齒輪的旋轉速度 $n_2 = \frac{n_1}{i} = \frac{400}{4} = 100 \, [\text{min}^{-1}]$

中心距離為 $a = \frac{(40+160)}{2} = 100 \, [\text{mm}]$

齒數為 z_3 [齒] 的被動齒輪再加上一個齒數為 z_3 [齒] 的齒輪，此時的速比表示如下：

$$i = \frac{n_1}{n_3} = \frac{n_1}{n_2} \cdot \frac{n_2}{n_3} = \frac{z_2}{z_1} \cdot \frac{z_3}{z_2} = \frac{z_3}{z_1}$$

此關係式可知，三個齒輪的速比是根據驅動齒輪與被動齒輪的比來決定，與介於其中的齒輪齒數並無關係。此外，若只有兩枚齒輪則兩齒輪的旋轉方向為相反方向，三個齒輪的驅動齒輪與被動齒輪，旋轉方向則相同，而介於它們中間的齒輪稱為**惰輪**，或是**空轉齒輪**。

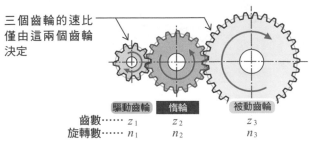

三個齒輪的速比僅由這兩個齒輪決定

齒數⋯⋯	驅動齒輪	惰輪	被動齒輪
齒數⋯⋯	z_1	z_2	z_3
旋轉數⋯⋯	n_1	n_2	n_3

圖 19 三個齒輪的嚙合

⬡ 皮帶與鏈條

　　皮帶與**鏈條**是一種捲繞式的傳動裝置，也是用於傳遞動力、帶動旋轉與搬運的機械元件。即使驅動軸與被動軸的間隔比齒輪大，也能輕易地傳遞動力與帶動旋轉。

　　皮帶主要由橡膠製成，是一體成形的元件。因為傳動皮帶從家電製品與電腦相關製品的輕承載傳動，到汽車、工作機械、農業機械等高承載傳動的機械，都適用。此外，輸送皮帶廣泛用於物流、運輸領域的集散站與迴轉壽司的傳送帶等。

　　鏈條主要為金屬製，由小零件組合而成，常用於自行車、汽車負責動力傳動，亦廣泛用於輸送。

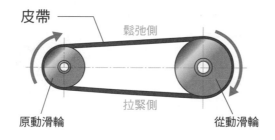

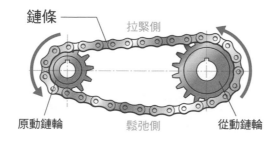

圖 20　皮帶與鏈條

⊗ 皮帶的種類

一般的皮帶根據不同截面形狀，可分為**平皮帶**與 **V 型皮帶**等。此外，**時規皮帶**的內側附有大約 40° 的梯形齒，可做出與齒輪相同的囓合傳動，因此具有不會產生滑動、噪音與振動小、初始張力小等優點。

一個皮帶輪不是只能捲繞一條皮帶，為了傳送較大的動力，可配備能捲繞許多條皮帶的溝槽。這樣的皮帶傳動適合低速傳動，亦適合高速傳動，尤其能發揮正確定位的功能，所以運用領域廣泛，汽車引擎、印表機、自動門與自動化機械都適用。

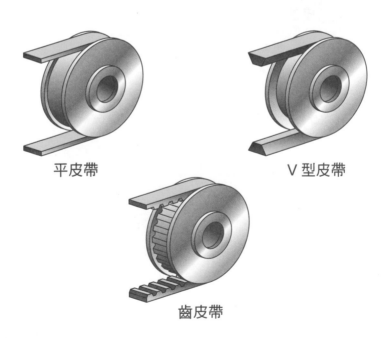

平皮帶　　　　　　　　　V 型皮帶

齒皮帶

圖 21 皮帶的種類

⊗ 鏈條種類

　　鏈條傳動是透過**鏈條**與**鏈輪**或齒盤來傳送動力。鏈條傳動的鏈條與鏈輪上的齒會相互嚙合並旋轉，因此具有下列優點：不會像平皮帶與 V 型皮帶那樣滑動、能夠以確實的速比傳送較大的動力、不需要初始張力、可取得較大的軸間距離等。但是，鏈條大多為金屬製，比橡膠製的皮帶重，因此容易產生噪音與振動，還有高速傳動困難等缺點。

　　滾子鏈條是具代表性的鏈條，它由套入滾輪的套筒、內鏈板、外鏈板組裝成內鏈與外鏈，再以銷軸連接而成。而且，用來組合滾子鏈條的鏈輪，會在圓板的外圍設有滾子鏈條的滾輪路徑，以及與齒距相合的齒溝。

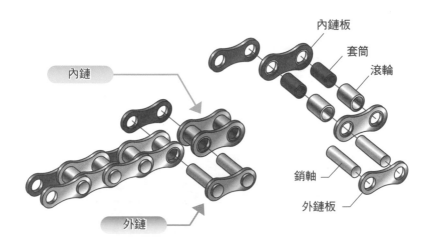

圖 22 滾子鏈條的構造

● 軸承

　　齒輪是與機械的旋轉運動有關的代表性機械元件。齒輪、滑輪與鏈輪的中心部位都有「軸」，它們透過軸的旋轉來傳遞旋轉運動。而支撐此旋轉軸的零件是**軸承**，也就是說，旋轉物體（軸）會與非旋轉物體（軸承）接觸。試想，火車的車輪以高速旋轉，而連接兩邊車輪的車軸是如何支撐的呢？先在車輪上開一個比旋轉軸大一點的孔，讓旋轉軸通過這個孔可能會不錯。但是以這樣的接觸方式來支撐高速旋轉的軸，會產生摩擦力，磨耗零件，並且產生噪音與振動，最後零件會損壞而導致機械全體故障。為了解決這些問題，必須在支撐旋轉軸的軸承下一番苦心！

既可減少旋轉軸的摩擦力，又可支撐零件的，就是軸承喔！

圖 23 軸承

　　與軸承有關的負荷包括：作用方向與軸垂直的**徑向負荷**，以及作用方向同於旋轉體軸的**軸向負荷**（又稱推力負荷）。此外，支撐徑向負荷的軸承稱為徑向軸承，支撐軸向負荷的軸承稱為軸向軸承（又稱推力軸承）。

　　舉例來說，正齒輪的嚙合，最好只考慮支撐圓周方向的力，選用徑向軸承，但若是有斜向負荷作用的傘齒輪，則必須考慮軸向負荷。接觸角未滿 45°，主要是承受徑向負荷的軸承，通常歸類為**徑向軸承**；接觸角在 45° 以上，主要是承受軸向負荷的軸承，則歸類為**軸向軸承**。如果是這兩種負荷都作用的情況，則要使用一個可以同時承受徑向負荷與軸向負荷的軸承。

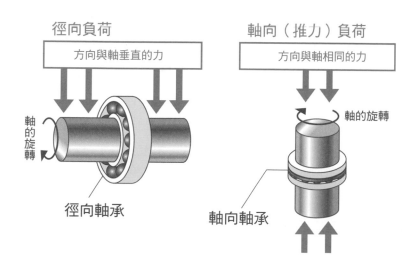

圖 24 徑向負荷與軸向負荷

現在市面上的軸承有利用滾動摩擦的**滾動軸承**，以及利用滑動摩擦的**滑動軸承**。而滾動軸承又有許多不同的規格。

❷ 滾動軸承

滾動軸承利用的是滾珠或滾柱的滾動摩擦，它在內輪與外輪之間放入**滾動體**，利用滾動體的滾動使摩擦阻力變小。又分為滾動體是滾珠的**滾珠軸承**，以及滾動體是滾柱的**滾柱軸承**等。

深溝滾珠軸承是滾動軸承的代表形式，它內輪與外輪的軌道都做成圓弧狀深溝，可承受徑向負荷、兩個方向的軸向負荷，以及這些負荷組合成的合成負荷，適用於高速旋轉，具有低噪音、低振動的優點。

圓筒滾柱軸承並不是利用圓筒狀的滾柱與軌道，做出接觸軸承的「點」（例如滾珠），而是接觸軸承的線。因為是「線」接觸，所以負荷能力較大，主要用於支撐徑向負荷。而且滾柱與**軌道輪**的接觸摩擦力小，因此適用於高速旋轉。

自動對位滾柱軸承是在外輪的球面軌道，安裝滾柱的構造。它承受徑向負荷、兩個方向的軸向負荷，以及這些負荷的合成負荷能力較高，因此適用於需承受振動、衝擊負荷的位置。

止推滾珠軸承是以滾珠與溝槽來承受軸向（推力）負荷的軸承，包括下列幾種：只能支持單一方向軸向負荷的**單向止推軸承**，能支持兩個方向軸向負荷的**雙向止推軸承**，以及具有自動對位功能的自動對位滾柱（珠）軸承。

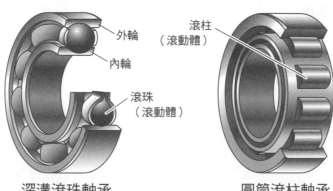

外輪

內輪

滾珠
（滾動體）

滾柱
（滾動體）

深溝滾珠軸承

圓筒滾柱軸承

自動對位滾柱軸承

止推滾珠軸承

圖 25 滾動軸承

我從來不知道軸承是如此重要的機械元件！旋轉的
物體的確必須想辦法支撐。

是啊！所以用於滾動軸承的滾珠是以微米（μm）等
級的精度製造的！

⊗ 滑動軸承

滑動軸承包圍著軸，予以支撐，是一種只產生滑動摩擦力的軸承，根據負荷方向的不同，可分為**徑向軸承**與**軸向軸承**。徑向軸承（又稱為軸頸式軸承）是支撐作用於圓周方向的徑向負荷，而軸向軸承是支撐作用於軸方向的軸向負荷。滾動軸承能夠同時支撐軸方向與圓周方向的負荷，但滑動軸承只能支撐其中一方向的負荷。

滑動軸承因為是面的接觸，所以比滾動軸承擁有更大的容許負荷，產生的噪音與振動比較小，耐衝擊性佳，且壽命長，因此可用於發電機的渦輪發動機、汽車、船舶引擎等大型軸承。然而，滑動軸承難以像滾動軸承那樣將小型品規格化，因此除了一部分的小型製品有互換性，其他都沒有互換性。滑動軸承又分為由單一材料製成的單層結構，以及附有背板的雙層結構。

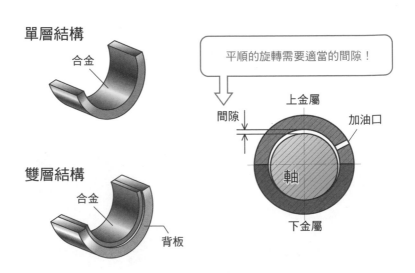

圖 26 滑動軸承

◉ 聯軸器

連接不同的軸並傳遞動力的機械元件稱為**聯軸器**，可用於機械的各部位。若兩根軸的中心偏離，動力無法順利傳遞，而產生了異常振動與噪音，即是它故障的主因，因此必須有一種能確實連接軸的裝置。

圖 27 聯軸器

固定聯軸器將兩個中心完全相同且在同一直線上的軸連接起來。特別具代表性的是**凸緣固定聯軸器**，它先將包圍兩軸端點的圓筒形元件，以鍵結方式固定，再以比孔徑大一點、精度較高的

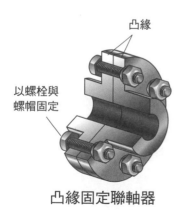
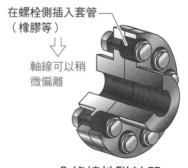

凸緣固定聯軸器　　　　　　凸緣撓性聯軸器

圖 28 凸緣固定聯軸器與凸緣撓性聯軸器

絞孔螺栓，將超出圓筒形元件而稱為凸緣的部分相連。這種形式能夠傳遞較大的動力，也較平衡，因此可用於旋轉速度大的機械。

撓性聯軸器是在難以使兩軸的中心一致的情況下，用來連接軸心稍微偏離的兩軸。**凸緣撓性聯軸器**是將橡膠等彈性體插入凸緣的螺栓（以固定聯軸器），如此便不會將機械的振動與軸的晃動傳至另一邊，但仍能傳遞動力。

圓盤聯軸器是透過薄形金屬板傳遞動力的聯軸器，能容許彈力變形所導致的軸心偏差。這種聯軸器的構造很簡單，且能傳遞較大的力矩與高速旋轉。

橡膠聯軸器是將橡膠用於兩軸之間的聯軸器，可容許此處的軸心偏差，並吸收振動與衝擊，但不適用於較大力矩的傳遞，只能傳遞較小力矩。

圓盤

圓盤聯軸器

半聯軸器
（鋁製）

中間盤
（橡膠製）

橡膠聯軸器

圖 29 圓盤聯軸器與橡膠聯軸器

　　聯軸器又可分為兩種：兩軸不在同一軸線上也能傳動的聯軸器，以及兩軸一定會交錯的聯軸器。

　　十字滑塊聯軸器是將安裝於兩軸端部的兩片圓板，以運動方向相互偏移 90° 的方式配置，並將這兩片圓板與它們中間的一片圓板合在一起，這三片圓板滑動的同時，即可巧妙地傳遞動力。這種構造容易產生振動，因此不適合較大的動力傳遞與高速運轉。

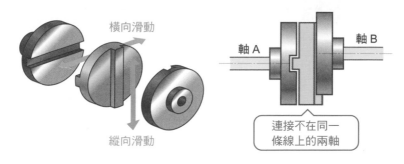

圖 30 十字滑塊聯軸器

　　萬向接頭，或稱為 U 接頭（U-jont），可用於兩軸以某種角度交錯的情況，旋轉時可進行上下、左右的角度變化。代表性的結構是將聯軸器的兩軸端分為兩個分支，並以十字形銷軸結合中間軸與這兩個分支，可使用於 30° 以下的傾斜角。

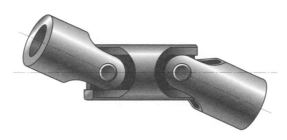

圖 31 萬向接頭

◉ 彈簧

彈簧是一種機械元件，它利用彈性變形的特性（施加作用力會變形，消除作用力就會恢復），儲備彈性能量以減弱振動與衝擊。

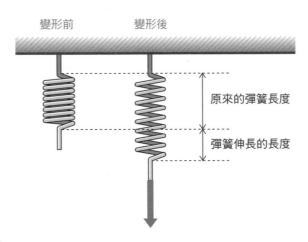

變形前　　變形後

原來的彈簧長度

彈簧伸長的長度

圖 32 彈簧

彈簧秤掛上 F[N] 的法碼，彈簧伸長 x[mm]，發生彈性變形，表示 F[N] 與 x[mm] 是有比例關係的，這種關係即為**虎克定律**，此時的比例常數則稱作**彈性常數** k[N/mm]，$F = kx$[N] 的關係成立。彈簧常數大，表示物體較堅硬，不易變形；彈簧常數小，表示物體較軟，容易變形。

線圈彈簧具有一般的彈簧形狀，將線材捲成線圈狀，具有下列特徵：容易求得負荷與變形量的比例關係，可以低成本大量生產。另外，它必須在彈性變形的範圍內使用，若施加超過範圍的負荷，就會產生塑性變形，無法恢復成原來的狀態。

　　壓縮線圈彈簧是受到壓縮負荷就會變形的彈簧,根據不同的線
材材質與直徑、線圈圓周大小、圈數等,而有不同的彈性常數。
一般線圈的圓周大小與間距相等,但也有負荷與變形量屬於非線
性關係的錐形線圈彈簧,以及不等間距的線圈彈簧。

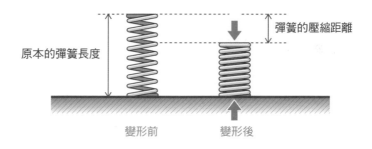

圖 33 壓縮線圈彈簧

　　拉伸線圈彈簧是受到拉伸負荷就會變形的彈簧。但是即使不施
加負荷,緊密的拉伸線圈彈簧也具有初始張力,因此不施加比初
始張力還大的負荷就不會變形。而且它最大的特徵是,兩端都具
有掛鉤,掛鉤的種類有圓鉤、半圓鉤、反向的圓鉤等。

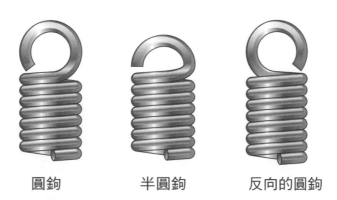

圖 34 拉伸線圈彈簧

扭轉線圈彈簧是受到扭轉負荷就會變形的彈簧，它線圈中心線的周圍受到扭轉力矩的作用，因此會彎曲而儲備彈性能量。與線圈彈簧相比，扭轉線圈彈簧能以相同的重量保存較大的能量，因此可設計成輕量型。扭轉線圈彈簧有各式各樣的端部形狀：右旋、左旋、直線、一段彎曲、兩段彎曲、掛鉤等。

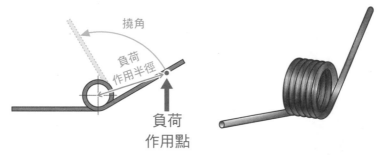

撓角

負荷
作用半徑

負荷
作用點

圖 35 扭轉線圈彈簧

　　蝸旋彈簧將具有固定寬度的截面形狀之材料，做成帶狀，形成蝸線，是一種利用蝸線形狀來恢復原狀的彈簧。它可在有限的空間內儲存許多能量，且可一點一點地逐步釋出旋轉方向的力。

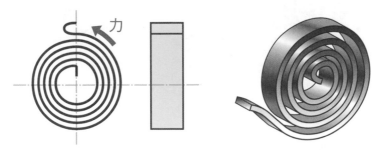

力

圖 36 蝸旋彈簧

⬡ 空氣壓縮機

高壓空氣系統能壓縮大氣，產生的高壓空氣，使氣壓缸等致動器動作，並能以運動的方式獲得較大功率。作為媒介的高壓空氣即使不小心洩漏了，也不會有著火、觸電與污染等問題，但因為作為媒介的空氣具有可壓縮性，故在精密定位與速度控制方面會比電動式機械差。

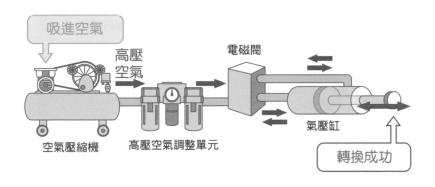

圖 37 高壓空氣系統

其中，**空氣壓縮機**就是產生高壓空氣的機器，一般的使用方式是壓縮至 0.7Mpa 左右，使用時再進行減壓。空氣壓縮機有**活塞式**與**螺旋式**等構造。活塞式是利用活塞的往復運動來壓縮氣壓缸內的空氣；螺旋式是將螺旋狀的兩枚轉子彼此嚙合以壓縮空氣。選用時必須考慮單位時間內的空氣吐出量等因素。

為了將空氣壓縮機所產生的高壓空氣調整為適當的壓力，會將高壓空氣送往高壓空氣調整單元。該機器有三大作用：將高壓空氣中的灰塵濾清，提供潤滑油到高壓空氣中，以及將一次側的高壓空氣減壓至適當的使用壓力，接著送至二次側。

方向控制閥將來自高壓空氣調整單元的二次側高壓空氣供給至氣壓缸等致動器，再將來自致動器的高壓空氣釋放至大氣中。一般的方向控制閥會用於電磁閥，也會用於 DC24V，負責傳送固定的電壓。對應於高壓空氣的入口、出口以及排氣口的數量，有二口閥到五口閥等種類。

　　氣壓缸是代表性的致動器，透過高壓空氣的供給方式，將高壓空氣的能量轉換為直線運動。安裝適當的方向控制閥，即能輕易地產生往復運動，雖然規模小，卻能獲得較大的輸出。雖然氣壓缸可壓縮空氣，但較難控制正確的速度與位置。

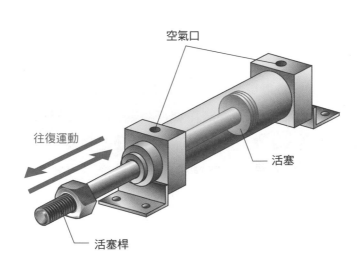

空氣口

往復運動

活塞

活塞桿

圖 38 氣壓缸（雙動型）

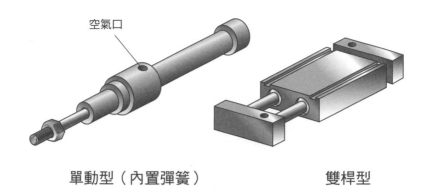

空氣口

單動型（內置彈簧）　　　　　　　雙桿型

圖 39 各式各樣的氣壓缸

　　進行往復運動的氣壓缸稱作**雙動型汽缸**，具有兩個空氣口，是最標準的汽缸。相對於此，在汽缸內安裝彈簧，並在往復運動的其中一個方向施加壓縮空氣的力，另一個方向施加彈簧的力，這種氣壓缸稱作**單動型汽缸**。此外，用了兩支桿的**雙桿型汽缸**能夠獲得更大的力。

　　如果知道氣壓缸截面直徑 D 與壓縮空氣的壓力 P，就可用 $F_1 = (\pi/4) D^2 P\eta$ 的公式求出氣壓缸推力動作的輸出力 F_1。此式的 η 稱為負荷率，用來表示氣壓缸的推進效率。必須注意的是，氣壓缸截面對於活塞桿截面的比值若變小，就必須考慮桿的直徑 d，所以可用 $F_2 = \pi/4 (D^2 - d^2) P\eta$ 公式求出拉引動作的輸出力 F_2。也就是說，氣壓缸拉引動作的輸出力會比推力動作的輸出力小。

流量控制閥安裝於氣壓缸的一端，可以調整高壓空氣的流量，轉動節流螺絲即可調整氣壓缸的速度。例如，藉由調整雙動型汽缸具有兩個空氣孔的節流螺絲，即可輕易做出「緩緩推擠氣壓缸卻迅速彈回」的動作。此外，有一種流量控制閥是透過控制排氣量，來調節氣壓缸的運作速度，稱為「出口節流式」。

空氣　　　　　　　　　　　　　　　　轉動節流螺絲

圖 40 流量控制閥

我以前都不知道有藉由高壓空氣來致動的氣壓缸呢。雖然馬達獲得的是旋轉運動，卻可以輕鬆轉化為往復運動。

是啊！此外，也有利用流體來致動的油壓系統，這類系統的壓力比高壓空氣的系統高 10~100 倍，廣泛用於建築機械、工作機械與飛機等。但會有液壓的高壓油洩漏，而引起火災的危險性，所以處理方式比高壓空氣複雜。

電子元件

● 電阻器

　　電阻器是可獲得一定的電阻值的電子元件，分為產生固定電阻器與產生可變電阻器這兩種。使用電阻來減少電流流過，並進行電壓分壓是電阻器最重要的任務。

⊗ 固定電阻器

　　一般的固定電阻器有四種色碼，左邊兩個色碼代表數值，第三個代表倍率，最右邊的代表允許誤差。舉例來說，若色碼為棕黑紅金，棕色為 1，黑色為 0，紅色為 10^2，即讀作 $1000\,\Omega = 1\mathrm{k}\Omega$，而金色表示允許誤差為 $\pm 5\%$。

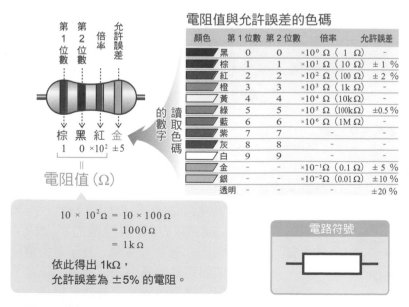

電阻值與允許誤差的色碼

顏色		第 1 位數	第 2 位數	倍率	允許誤差
	黑	0	0	$\times 10^0\,\Omega$（1 Ω）	-
	棕	1	1	$\times 10^1\,\Omega$（10 Ω）	± 1 %
	紅	2	2	$\times 10^2\,\Omega$（100 Ω）	± 2 %
	橙	3	3	$\times 10^3\,\Omega$（1k Ω）	-
	黃	4	4	$\times 10^4\,\Omega$（10k Ω）	-
	綠	5	5	$\times 10^5\,\Omega$（100k Ω）	±0.5 %
	藍	6	6	$\times 10^6\,\Omega$（1M Ω）	-
	紫	7	7	-	-
	灰	8	8	-	-
	白	9	9	-	-
	金	-	-	$\times 10^{-1}\,\Omega$（0.1 Ω）	± 5 %
	銀	-	-	$\times 10^{-2}\,\Omega$（0.01 Ω）	±10 %
	透明	-			±20 %

$$10 \times 10^2\,\Omega = 10 \times 100\,\Omega$$
$$= 1000\,\Omega$$
$$= 1\mathrm{k}\Omega$$

依此得出 1kΩ，
允許誤差為 ±5% 的電阻。

電路符號

圖 41 電阻的色碼

⊗ 可變電阻器

　　可變電阻器有三個端點，電阻體的兩端連接兩側的端點，中央的端點則連接旋轉的接觸點。

　　例如 1kΩ 可變電阻器的兩端電阻為 1kΩ，而中央的接觸點會因旋轉改變位置。當接觸點在中央，因為距離兩端約 500Ω，所以若在此時於兩端施加 6V 的電壓，接觸點的電位會變成 3V。

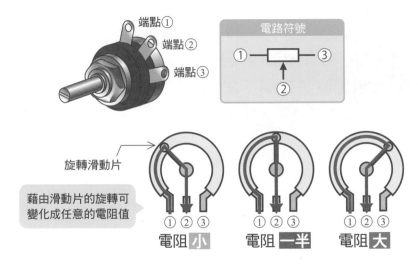

圖 42 可變電阻器

電子迴路的問題就交給我吧！舉例來說，紅色發光二極體（LED）只通 2V 的電壓即可點亮，如果因為電源電壓為 3V 或 5V，而直接施加 3V 或 5V 的電壓，LED 即會因此過熱而損壞，為了避免這種情況，通常會安裝固定電阻器來降低電壓。因此，利用固定電阻器與可變電阻器，只要轉動旋鈕，就可以改變 LED 的亮度了！

◯ 電容

　　電容是可儲存電荷，且釋放電荷的電子元件，而且還可隔絕直流電，讓交流電通過，它以各種型態利用於電子迴路。

　　電容的單位為 F（法拉第），一般電容所儲存的電荷容量非常小，因此常使用的單位是 μF（10^{-6}F）與 pF（10^{-12}F）。

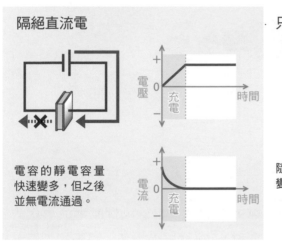

圖 43 電容的作用

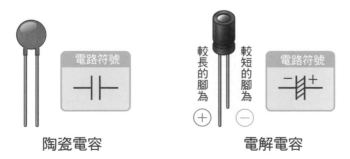

圖 44 電容

◉ 線圈

　　線圈是將電線或銅線等線材捲成螺旋狀的電子元件。電流通過此處，電流通過的方向會產生順時針磁場，這種現象可用來抑制電流變化以吸收噪音，並能調整交流電壓，通過直流電則可以用頻率來區分訊號。

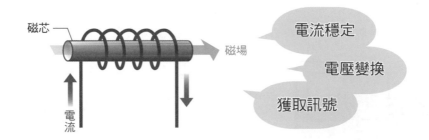

磁芯

磁場

電流穩定

電壓變換

獲取訊號

電流

圖 45 線圈的原理

　　電阻的單位以 Ω（歐姆）表示，但線圈抑制電流變化的能力稱作電感，單位為 H（亨利）。線材捲得越多，線圈的性質就會越強，H 值越大。而有磁芯的線圈比無磁芯的線圈能獲得更大的 H 值。

電路符號

圖 46 線圈

⬡ 二極體

　　二極體是只有單一方向會通過電流的電子元件，它是可控制的開關（switch），能將交流電轉換為直流電，是一種整流器，此外，亦是可自收音機的高頻中取出訊號的檢波器。順帶一提，電流通過的方向稱為順向，未通過的方向稱為逆向。

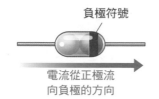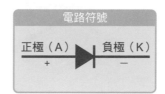

圖 47　二極體

⊗ 發光二極體（LED）

　　發光二極體是施加順向電壓就會發光的二極體，稱為 LED（Light Emitting Diode）。根據材料的不同，一九〇八年代以前已有發出紅色、綠色光的發光二極體，一九九〇年代人們發明了藍色的發光二極體，可將光的三原色紅、綠、藍組合在一起，因而對顯示器的開發與發展有很大的貢獻。此外，因為每個 R（紅色）、G（綠色）、B（藍色）的 LED 可同時發光、混色，而產生白色光，所以也普遍作為照明使用。

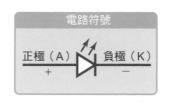

圖 48　發光二極體

⊗ 七段顯示器

七段顯示器（seven-segment display）是組合發光二極體的一種顯示裝置，用於表示十進位的數值。

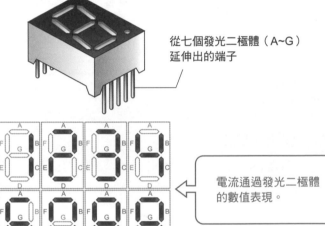

從七個發光二極體（A~G）
延伸出的端子

電流通過發光二極體
的數值表現。

圖 49 七段顯示器

這種顯示器被用於計算機等處，但是它到底是如何藉由發光二極體的組合，來表示十進位呢？

● 電晶體

電晶體是以較小的輸入電流來控制較大輸出電流的電子元件，它具有三個電極，分別為**射極（emitter）**、**基極（base）**與**集極（collector）**。電晶體有兩種作用——開關作用與放大作用。開關作用根據是否有輸入電流而使電流通過或中斷；放大作用則是將輸入電流與輸出電流控制成某個比例。

圖 50 電晶體

若直接將馬達連接至數位 IC 與微電腦，會因電流不足而無法轉動，這種時候可以使用電晶體將電流放大。

使用四個電晶體的馬達驅動器，以每兩個電晶體改變電流方向的方式，來控制直流馬達的正轉、反轉、停止與速度。

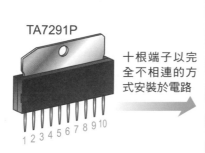

TA7291P

十根端子以完全不相連的方式安裝於電路

銷	TA7291P 的端子	連接
GND	1	接地
OUT1	2	未連接馬達
—	3	—（未連接）
Vref	4	馬達的電壓調整
IN1	5	連接微電腦的訊號 1
IN2	6	連接微電腦的訊號 2
Vcc	7	IC 的電源
Vs	8	馬達的電源
—	9	—（未連接）
OUT2	10	連接馬達

圖 51 馬達驅動器

電晶體的運作好像很難懂耶！我不太清楚放大的意思，是能夠突然將電流放大嗎？

我一開始也是這麼想！但真正的意思並不是突然放大，而是以小電流控制大的電流。你可以把基極想成自來水管的水龍頭！

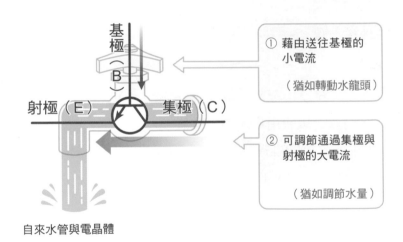

① 藉由送往基極的小電流

（猶如轉動水龍頭）

② 可調節通過集極與射極的大電流

（猶如調節水量）

自來水管與電晶體

 啊！這樣比喻，我比較有概念了。我們進一步學習更多細節吧！

◉ 開關

電子迴路用來切換電流開與關的元件，以及改變電流方向的元件，都稱為**開關**。房間的照明當然不可缺少開關，利用電子訊號啟動機械也需要開關，因此我們來學習各種開關吧。

按鈕開關是藉由按壓開啟或關閉接點，分為**自動回復型開關**與**位置保持型開關**。自動回復型開關是在按下去的期間呈現開啟狀態，而位置保持型開關則是每按一次，開與關就會切換。

翹板開關是可切換電子迴路的開關，按鈕以中央支點為中心，按下其中一端，另一端就會往上翹起。通常有下列幾種：進行一個或兩個接點開關的單極單切型與雙極單切型，以及在一個或兩個的接點組合中，可切換兩個電子迴路的**單極雙切型**與**雙極雙切型**。

按鈕開關　　　　　　　　　　翹板開關

圖 52 按鈕開關與翹板開關

微動開關是透過微小的按壓來開啟電路，是一種小型的按鈕開關，通常是自動回復型，廣泛用於電腦的滑鼠按鈕，非常普遍，現在也用於行動電話與數位相機等。

　　滑動開關是藉由橫向滑動來切換接點。基本上用於乾電池、AC 轉換器等低電壓、低電流的直流機器，多為低價物品，有 ON-ON 型態與 ON-OFF-ON 型態等類型。

　　旋轉開關是藉由軸的旋轉來導通圓周上數個接點的其中一個。這種開關的圓形本體上，裝有一個操作軸與多個接點，可憑一個開關便將多個電路切換成多個接點。

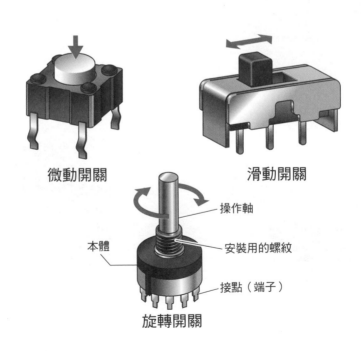

圖 53 微動開關、滑動開關與旋轉開關

搖桿開關（亦稱搖頭開關）是以控制桿切換接點的開關。這種開關型態大部分是三路開關，代表性的有 ON-ON 型態與 ON-OFF-ON 型態。ON-ON 型態是以中央端子去選擇要與右或左的端子接觸，而 ON-OFF-ON 型態則是控制桿在中間時，可以切斷兩邊的電力。

如果只有一個 ON-ON 型態的搖桿開關，透過組合下圖的電路，就可進行交流馬達的正轉與逆轉。而使用 ON-OFF-ON 型態的搖桿開關，則能執行交流馬達的正轉、停止與逆轉的基本動作，形成一個實用的電路。

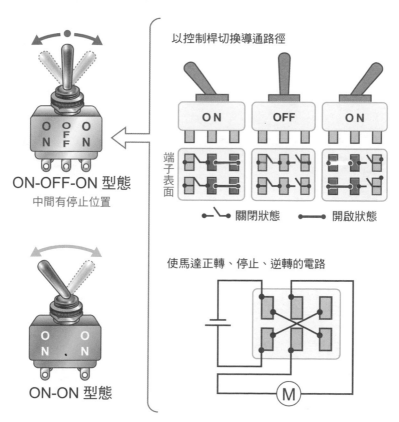

圖 54 搖桿開關

● 感測器

　　將手動操作的開關置換成**感測器**，就可以自動開關。舉例來說，使用光感測器的街燈，天色變暗就會自動點亮，而使用紅外線感測器的自動門則是有人靠近就會自動關閉。

　　感測器是將位置、位移、加速度、力、壓力、溫度、光、振動、聲音、磁力、超音波、流量等自然界與人造物的物理量、化學量等測定量，用某些科學原理變換為訊號的電子元件，它將來自各個感測器的輸入訊號變換為某些電子訊號，再存入電腦。

　　用光來檢測物體狀態的感測器稱為**光感測器**，用溫度來檢測物體狀態的感測器稱為**溫度感測器**；用壓力來檢測物體狀態的感測器稱為**壓力感測器**，而檢測聲音的感測器稱為**聲音感測器**。

光感測器

溫度感測器

壓力感測器

聲音感測器

圖 55 各式各樣的感測器

近接感測器（或稱非接觸式感測器）是不用接觸檢測對象，就可檢測的感測器總稱，分為使用電磁誘導的感測器以及利用紅外線的感測器。

加速度感測器是檢測加速度與物體狀態的感測器，不只是加速度，還可以獲得傾斜、動作、振動與衝擊等資訊。

近接感測器　　　　　　　　　加速度感測器

圖 56 近接感測器與加速度感測器

以可變電阻來測量旋轉角度與位置的感測器稱為**電位器**，大致分為用以測量旋轉角度的旋轉電位器，以及測量直線運動位置的線性電位器。讀取記錄於光學式的圖樣間隙或是磁帶的圖樣，來檢測角度與位置的感測器稱為**編碼器**。

電位器　　　　　　　　　　編碼器

圖 57 電位器與編碼器

⬡ 馬達

馬達是利用電磁力,來將電能轉換為旋轉動能的電子元件。馬達有分直流馬達與交流馬達,**直流馬達**是以電流方向不隨時間改變的直流電(DC:Direct Current)來致動的馬達;而**交流馬達**則是以電流方向會隨時間改變的交流電(AC:Alternating Current)來致動的馬達。

⊗ 直流馬達

直流馬達能夠利用乾電池(DC1.5V)輕鬆地動作,是常用於模型製作與科學實驗的簡易馬達。相較於交流馬達,直流馬達可以用小規模的設備提供高輸出,因此不只廣泛用於個人電腦週邊機器、視聽設備的驅動,亦廣泛用於汽車與工業機械。

一般將直流電壓 DC5V、6V、12V、24V 當作額定電壓,而且不只會利用電池,也會使用**開關電源**(或稱交換式電源供應器),將一般插座的交流電壓 110V 轉換為直流電壓。

直流馬達　　　　　　　　　開關電源

圖 58 直流馬達與開關電源

⊗ 交流馬達

　　交流馬達在一般家庭中以交流電壓 110V 來致動，三相交流電則是以交流電壓 220V 來致動，故三相交流電多用於電風扇、洗衣機、冰箱、電梯、火車與電動汽車等需要較大動力的機械。

　　交流馬達必須配合電源電壓，所以也不易改變旋轉速度與扭矩，但近年來的變頻技術已提升，可輕易改變直流與交流的電源電路，因此電梯與鐵道等交流馬達也比較好控制了。

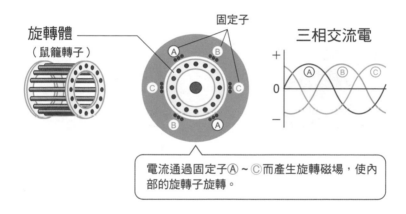

固定子

旋轉體
（鼠籠轉子）

三相交流電

電流通過固定子Ⓐ～Ⓒ而產生旋轉磁場，使內部的旋轉子旋轉。

圖 59 交流馬達

交流電的電壓一下正、一下負啊，好難想像！總之，我先試著把有用到交流馬達的東西做出來吧。

⊗ 步進馬達

步進馬達的致動原理是藉由供給脈衝訊號，使馬達旋轉一定的角度。送出一次脈衝訊號就會旋轉一定的角度，此角度稱作基本步級角，而五相步進馬達的基本步級角為 0.72°，因為旋轉角度與數位輸入的脈衝訊號數量有一定的比例關係，所以馬達加上一百步的脈衝訊號，就會旋轉 72°。

步進馬達是以脈衝訊號致動，因此定位精度佳，廣泛用於印表機、影印機以及傳真機等。步進馬達的缺點包括扭矩不大，較難穩定地高速旋轉等。

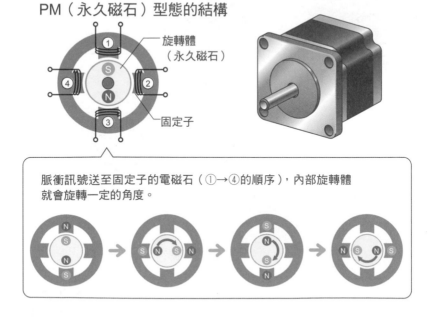

PM（永久磁石）型態的結構

旋轉體
（永久磁石）

固定子

脈衝訊號送至固定子的電磁石（①→④的順序），內部旋轉體就會旋轉一定的角度。

圖 60 步進馬達

⊗ 伺服馬達

　　伺服馬達是用於伺服器的馬達。伺服器將物體位置、方位、姿勢等當作控制量，以自動致動來追蹤目標值。馬達所安裝的編碼器會檢測馬達的旋轉角度，並控制回饋。

　　步進馬達是依據脈衝訊號來旋轉，相對於此，伺服馬達則能一邊檢測數值，一邊致動，因此能進行更精密的控制，並用於各種工業機器人與工業機械，執行精密的定位控制。

　　此外，稱作 RC 伺服馬達的無線電控制伺服馬達，是用於模型汽車、模型飛機與雙足步行機器人的馬達。它與工業用馬達的型態有點不同，RC 伺服馬達會在長方體的盒子內建直流馬達與減速齒輪機構、角度感測器或用來伺服控制的電路等。這種馬達有很多是從基準位置起，以 90° 的程度往左或右旋轉，可依據供給至伺服馬達的 PWM 波的脈衝寬度，來設定旋轉速度。

伺服馬達　　　　　　　　　RC 伺服馬達

圖 61 伺服馬達

螺線管（solenoid）

螺線管是電子元件的一部分，可根據電磁力的作用，將電能轉換為機械的直線運動，由可動式的柱塞與銅線線圈組成。螺線管的種類有拉式與推式。拉式（Pull：拉進）是指通電時可動件會被拉入，推式（Push：推出）是指通電時可動件會推出。

螺線管廣泛用於自動販賣機的自動支付硬幣功能、保險箱與收銀機的上鎖功能，以及汽車的控制等。

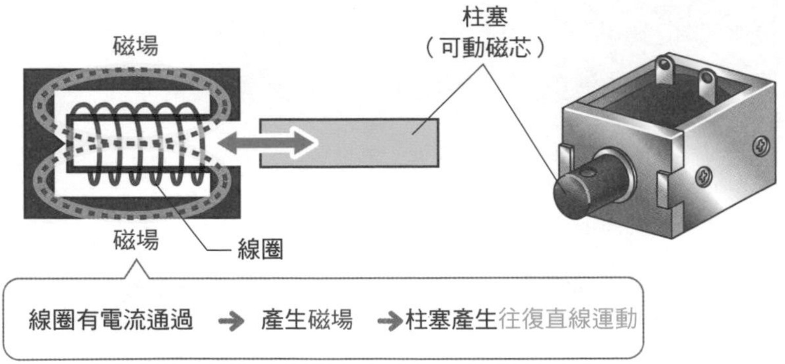

圖 62 螺線管

原來必須妥善控制角度啊！我一定要記得這個方法。雖然我以前不知道有螺線管這種東西，但許多機械都會用到呢！

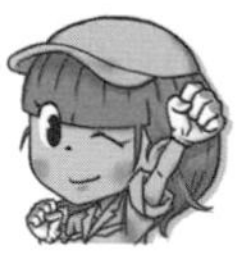

第6章
電路設計

現代的機械一定要有電才可運作,因此電子迴路的設計也是很重要的。這一章我們就來學習電路設計吧!

電力學的基本原理

◉ 歐姆定律

對某個導體施加電壓 E[V]，使電流 I[A] 通過，電壓 E 與電流 I 就會成立符合**歐姆定律**的比例關係，如下式所示，電阻 R[Ω] 表示電流通過的困難程度。

電流 I[A] ＝電壓 E[V] ÷ 電阻 R[Ω]

變換此公式可得：

電壓 E[V] ＝電流 I[A] × 電阻 R[Ω]

利用歐姆定律，即可求出使 LED 發光所需的電壓。舉例來說，以電源電壓 5V 來驅動的微電腦板，要點亮 2V 的紅色 LED 燈，即必須用電阻來降低電壓。要求出這個所需的電阻值，我們必需以 10mA 的電流，依照下面的方式來計算。

[計算實例]

電源電壓到 LED 的順向電壓＝流經 LED 的電流（在電阻中流動的電流）× 電阻 R

（代入電源電壓 5V、紅色 LED 的順向電壓 2V、電流 10mA）

$$\text{電阻 } R = \frac{\text{電源電壓到 LED 的順向電壓}}{\text{流經 LED 的電流}} = \frac{(5-2)}{0.01} = 300\ \Omega$$

所以需要 300Ω 的電阻。

如果未經計算就對紅色 LED 燈施予 5V 的電壓，LED 會因過熱而燒斷。因此要根據歐姆定律 $E = I \times R$，計算電源電壓 $V_0 =$ LED 的順向電壓 V ＋流經 LED 的電流 $I \times$ 電阻 R，求出電路需要多大的電阻。此外，如果沒有剛好符合計算結果的電器阻，亦可選用數值相近的電阻器。

順便一提，紅色、黃色 LED 燈發光所需的電壓大約是 2V，藍、綠、白則大約是 3.6V。

接下來，請使用歐姆定律，思考串聯與並聯的電壓電流關係。

· 串聯

電流通過路徑只有一條的連接方式稱為串聯。此時電壓會有兩倍，電流也會是兩倍。

· 並聯

電流通過路徑有所分岔的連接方式稱為並聯。此時電壓值不變，電流的持續時間則為兩倍。

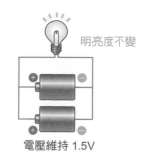

圖 1　串聯與並聯

◆ 基爾霍夫定律

　　即使電路的分支增加、電源倍增，分支的電壓與電流仍會遵守歐姆定律。而複雜的電路網計算則必需運用**基爾霍夫定律**。基爾霍夫定律是由第一定律與第二定律所組成。

·基爾霍夫的第一定律

　　電路網上任意一個電流分支點所輸入的電流和，等於輸出的電流和。

　　i_1~i_3 為輸入分支點的電流，i_4~i_6 為輸出分支點的電流，因此下式成立：

$$i_1 + i_2 + i_3 = i_4 + i_5 + i_6$$

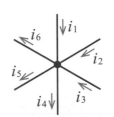

圖2　基爾霍夫的第一定律

·基爾霍夫的第二定律

　　電流經過電路網上任意一個封閉的電路時，電路中的電源電壓總和等於電壓下降的總和（這裡所說的電壓下降是指當電流流經電子迴路，在電路中的電子電阻的兩端，會產生電位差的現象）。

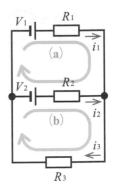

圖3　基爾霍夫的第二定律

　　圖3的箭頭所圍繞的兩個電路（a）（b），適用於基爾霍夫的第二定律，可得出下列公式。此外，下式第二定律將等號左邊視為電源電壓的總和，右邊視為電壓下降的總和。

$$V_1 - V_2 = R_1 \cdot i_1 - R_2 \cdot i_2 \qquad \text{(a)}$$
$$V_2 = R_2 \cdot i_2 + R_3 \cdot i_3 \qquad \text{(b)}$$

接著，依據基爾霍夫的第一定律、第二定律，建立聯立方程式並計算。公式如下：

$$\begin{cases} i_1 = \dfrac{R_2 \cdot V_1 + R_3 \cdot V_1 - R_3 \cdot V_2}{R_1 \cdot R_2 + R_1 \cdot R_3 + R_2 \cdot R_3} \\[2mm] i_2 = \dfrac{R_3 \cdot V_2 + R_1 \cdot V_2 - R_3 \cdot V_1}{R_1 \cdot R_2 + R_1 \cdot R_3 + R_2 \cdot R_3} \\[2mm] i_3 = \dfrac{R_2 \cdot V_1 + R_1 \cdot V_2}{R_1 \cdot R_2 + R_1 \cdot R_3 + R_2 \cdot R_3} \end{cases}$$

解上面的聯立方程式，答案會是負值，這是因為一開始假設的參數方向與實際的電流方向相反，所以可以把方向反過來想，如下所示。

[計算實例]

求流經電路各部位的電流 i_1、i_2、i_3。

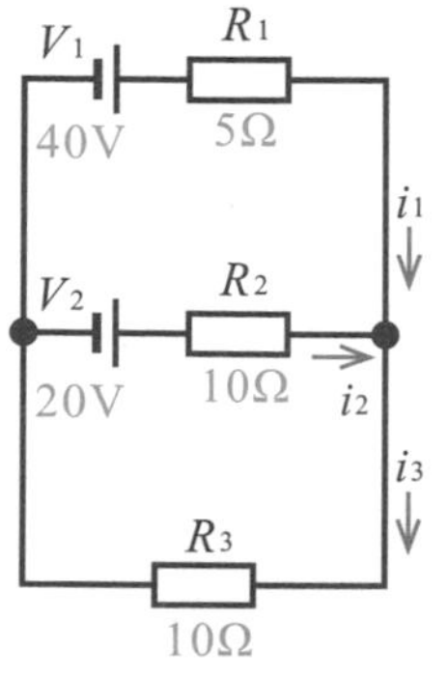

$$i_1 = \frac{10 \times 40 + 10 \times 40 - 10 \times 20}{5 \times 10 + 5 \times 10 + 10 \times 10} = 3\text{A}$$

$$i_2 = \frac{10 \times 20 + 5 \times 20 - 10 \times 40}{5 \times 10 + 5 \times 10 + 10 \times 10} = -0.5\text{A}$$

$$i_3 = \frac{10 \times 40 + 5 \times 20}{5 \times 10 + 5 \times 10 + 10 \times 10} = 2.5\text{A}$$

圖 4　計算實例

因為此電流方向是假想的，所以實際的 i_2 與假想的方向相反。

邏輯電路

🛑 基本的邏輯電路

電腦是利用 0 和 1 的組合來進行計算。記憶體的記憶也是利用這種組合來計算。0 和 1 的運算是一種邏輯運算的方式，學習這種運算就是跨出設計數位電路的第一步。以前是組合電晶體、二極體、電阻、電容等電子元件來構成邏輯電路，但現在是將集成的邏輯元件用於 IC（Integrated Circuit，積體電路）。

基本的邏輯元件包括 AND 電路、OR 電路、NOT 電路等，這些都是**基本邏輯電路**。

・AND 電路

具有兩個以上的輸入端與一個輸出端，若對所有的輸入端輸入「1」，輸出端即輸出「1」；若對至少一個的輸入端輸入「0」，輸出端即輸出「0」。

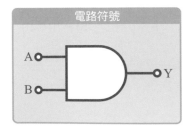

輸入		輸出
A	B	Y
0	0	0
1	0	0
0	1	0
1	1	**1**

圖 5　AND 電路

・OR 電路

具有兩個以上的輸入端與一個輸出端，若對至少一個輸入端輸入「1」，輸出端即輸出「1」；若對所有的輸入端輸入「0」，輸出端即輸出「0」。

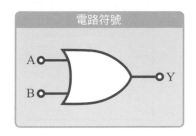

輸入		輸出
A	B	Y
0	0	0
1	0	**1**
0	1	**1**
1	1	**1**

圖 6　OR 電路

・NOT 電路

具有一個輸入端與一個輸出端，若輸入端輸入「0」，輸出端就會輸出「1」；若對輸入端輸入「1」，輸出端就會輸出「0」。

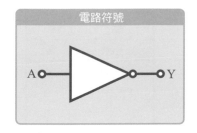

輸入	輸出
A	Y
0	**1**
1	0

圖 7　NOT 電路

· NAND 電路

具有兩個以上的輸入端與一個輸出端，若對所有的輸入端輸入「1」，輸出端就會輸出「0」；若對至少一個輸入端輸入「0」，輸出端就會輸出「1」。

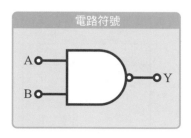

輸入		輸出
A	B	Y
0	0	**1**
1	0	**1**
0	1	**1**
1	1	0

圖 8　NAND 電路

· NOR 電路

具有兩個以上的輸入端與一個輸出端，若對所有的輸入端輸入「0」，輸出端就會輸出「1」；若對至少一個輸入端輸入「1」，輸出端就會輸出「0」。

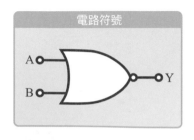

輸入		輸出
A	B	Y
0	0	**1**
1	0	0
0	1	0
1	1	0

圖 9　NOR 電路

‧ XOR 電路

　　具有兩個以上的輸入端與一個輸出端，只有對一個輸入端輸入「1」，而對另一個輸入端輸入「0」，輸出端才會輸出「1」；若兩個輸入端的輸入值相同，輸出端就會輸出「0」，必須兩者不一致才會輸出「1」。

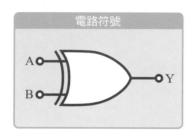

電路符號		輸入		輸出
		A	B	Y
		0	0	0
		1	0	**1**
		0	1	**1**
		1	1	0

圖 10 XOR 電路

好複雜，好像謎語喔！

哎呀！我就是喜歡猜謎語呀！慢慢地思考，一個一個牢牢地記起來，真有趣！

確實要一個一個思考才行呢！但只要想到這些電路要如何組合在一起，我的頭腦就一片混亂……

● 邏輯運算（布林代數）

思考如何組合邏輯電路之前，要先理解邏輯運算的定律，才能簡化組合方式。

·交換律

替換邏輯乘與邏輯加左右兩邊的變數，結果仍相同。

$$A \cdot B = B \cdot A \qquad A + B = B + A$$

·結合律

無論邏輯乘與邏輯加的運算順序為何，結果都相同。

$$A \cdot (B \cdot C) = (A \cdot B) \cdot C \qquad A + (B + C) = (A + B) + C$$

·分配律

邏輯乘對於邏輯加來說，是可分配的，邏輯加對於邏輯乘來說也是可分配的。

$$A \cdot (B + C) = (A \cdot B) + (A \cdot C) \quad A + (B \cdot C) = (A + B) \cdot (A + C)$$

·吸收律

邏輯公式以乘與加組合的形式來表示，且邏輯公式會被吸收。

$$A \cdot (A + B) = A \qquad A + (A \cdot B) = A$$

· **復原律**

若是雙重否定,則該值變回原來的值。

· **全等律**

同樣的值無論是進行邏輯乘或邏輯加的運算,結果都相同。

$$A + A = A \qquad A \cdot A = A$$

· **補數律**

某一邏輯變數與反函數的邏輯乘都是「1」;且某一邏輯變數與反函數的邏輯加都是「0」。

$$A + \overline{A} = 1 \qquad A \cdot \overline{A} = 0$$

· **同一律**

邏輯乘與邏輯加遵循以下的定律。

$$A + 0 = A \qquad A + 1 = 1 \qquad A \cdot 0 = 0 \qquad A \cdot 1 = A$$

· **第摩根定律**

設條件 A 與條件 B 成立時,若將 NOT 視為反函數、AND 視為邏輯加、OR 視為邏輯乘,則下列關係式成立。

(1) AND 運算變換為 OR 運算	(2) OR 運算變換為 AND 運算
$\overline{A \cdot B} = \overline{A} + \overline{B}$	$\overline{A + B} = \overline{A} \cdot \overline{B}$

◯ 數位IC

數位 IC 具有可輸入輸出、運算以及記憶的高性能 CPU（中央運算處理單元），但有些 IC 只有具備邏輯運算功能的 CPU。這些 IC 的外形大多是一個黑色盒子，接上許多接腳。這樣的數位 IC 有多種型號，很多製造商都有販售，一般來說一個 IC 大概會有四個 AND 或 OR 運算的邏輯電路。

IC 接腳的編號順序是以半圓形凹陷當作左邊，自左下方的接腳開始逆時針方向進行編號，如下圖。而且，IC 是以第十四支接腳連接電源（Vcc），第七支接腳接地（GND）的方式來運作。

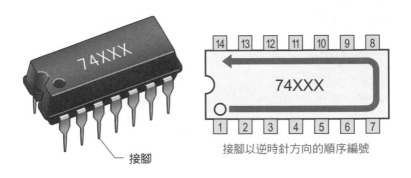

接腳以逆時針方向的順序編號

接腳

圖 11 數位 IC

這個像草履蟲的東西好可愛！不過，就算 IC 的形狀都一樣也會因內置不同的邏輯電路，而做出不同的動作！

　　我們將內含邏輯電路的 IC 稱為**邏輯 IC**。選用邏輯 IC，必須先掌握它的邏輯電路構成，以及電源電壓、消耗功率、輸入電流、輸出電流等。

· **具有四個 AND 電路的邏輯 IC（例如 74LS08、74LS09）**

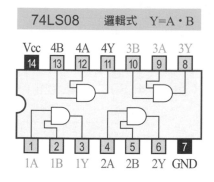

真值表		
輸入		輸出
A	B	Y
L	L	L
L	H	L
H	L	L
H	H	H

L=Low　H=High

圖 12 AND 電路的邏輯 IC

· **具有四個 NAND 電路的邏輯 IC（例如 74LS00、74LS03）**

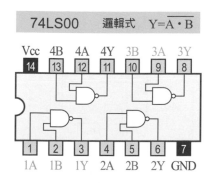

真值表		
輸入		輸出
A	B	Y
L	L	H
L	H	H
H	L	H
H	H	L

L=Low　H=High

圖 13 NAND 電路的邏輯 IC

・具有四個 OR 電路的邏輯 IC（例如 74LS32）

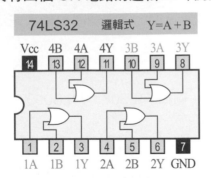

74LS32　邏輯式　Y=A+B

Vcc	4B	4A	4Y	3B	3A	3Y
14	13	12	11	10	9	8

1	2	3	4	5	6	7
1A	1B	1Y	2A	2B	2Y	GND

真值表

輸入		輸出
A	B	Y
L	L	L
L	H	H
H	L	H
H	H	H

L=Low　　H=High

圖 14 OR 電路的邏輯 IC

・具有四個 NOR 電路的邏輯 IC（例如 74LS02、74LS28）

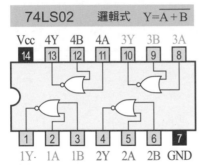

74LS02　邏輯式　Y=$\overline{A+B}$

Vcc	4Y	4B	4A	3Y	3B	3A
14	13	12	11	10	9	8

1	2	3	4	5	6	7
1Y	1A	1B	2Y	2A	2B	GND

真值表

輸入		輸出
A	B	Y
L	L	H
L	H	L
H	L	L
H	H	L

L=Low　　H=High

圖 15 NOR 電路的邏輯 IC

・具有六個 NOT 電路的邏輯 IC（例如 74LS04）

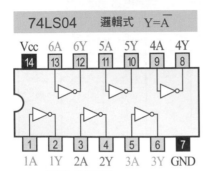

74LS04　邏輯式　Y=$\overline{A}$

Vcc	6A	6Y	5A	5Y	4A	4Y
14	13	12	11	10	9	8

1	2	3	4	5	6	7
1A	1Y	2A	2Y	3A	3Y	GND

真值表

輸入	輸出
A	Y
L	H
H	L

L=Low　　H=High

圖 16 NOT 電路的邏輯 IC

◉ 半加法器

半加法器可使兩個一位數的二進位數相加,並產生和與進位。雖然半加法器是以電腦的基本加法為基礎,但它無法接收低位數的進位輸出訊號,所以稱作**半加法器**。

半加法器一般是由 AND、OR、NOT 組成的。

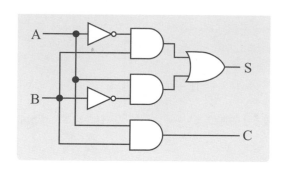

圖 17 半加法器

半加法器的和 S 所輸出的是進位訊號 C,以下方的真值表來表示。換句話說,若 A 與 B 皆輸入 1,和 S 為 0,進位 C 為 1,代表必須進位。

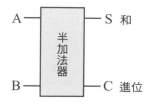

A	B	C	S
0	0	0	0
0	1	0	1
1	0	0	1
1	1	1	0

圖 18 半加法器的真值表

◆ 全加法器

　　半加法器只能進行一位元的加法，無法計算低位數位元產生的進位。**全加法器**才可計算低位數位元產生的進位。全加法器以A、B、低位數產生的進位 C_i，來表示輸入值，並以和 S 與往下一位數進位的 C_0，來示輸出值。

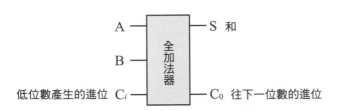

圖 19 全加法器

　　接著做出全加法器的真值表，並思考全加法器內部的邏輯電路吧。

A	B	C_i	C_0	S
0	0	0	0	0
0	0	1	0	1
0	1	0	0	1
0	1	1	1	0
1	0	0	0	1
1	0	1	1	0
1	1	0	1	0
1	1	1	1	1

圖 20 全加法器的真值表

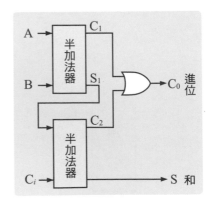

圖 21 兩個半加法器與 OR 電路所構成的全加法器

　　雖然此處省略了計算細節，但只要組合以下的邏輯電路即可設計出全加法器。

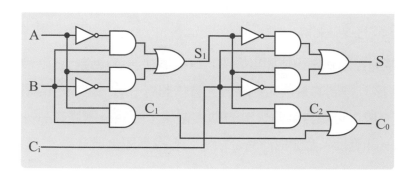

圖 22 OR、AND、NOT 閘的全加法器

　　無論是透過組合 0 與 1 的二進數來思考全加法器，或以數位方式來思考全加法器，一開始都會覺得很難，但這終究只是「0」與「1」的組合而已。若將數個「0」與「1」組合起來，就會以 2 的指數形式，產生效用，而可進行龐大的運算。

　　舉例來說，一開始存 1 元，且每天都比前一天多存一倍的金額。第一天是 1 元，第二天是 2 元，第三天是 4 元，如此存下去，即使一開始的錢很少，三十天後所存的錢將會是 2^{30}，超過 10 億。

　　$2^{30} = 1,073,741,824 ≒$ 約 10 億

　　因為電腦可以協助人類完成大量的計算，所以這樣的原理是有用的。

序列控制

⬡ 關於序列控制

序列控制就是「依照事先決定好的順序,逐步進行各階段的控制」。序列控制的實例如紅綠燈,會依照青→黃→紅……的順序,反複亮燈;也像自動販賣機的動作循環,投錢→選擇商品→取出商品→計算投入金額與商品金額,若有找零即會退還。

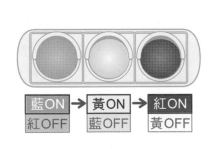

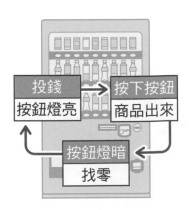

圖 23 序列控制

要做到序列控制必須有事先預定好的**順序控制**、**時間控制**,以及**條件控制**。

設計序列控制前，要先思考：以什麼樣的順序、時間、條件來控制什麼樣的機器；想要透過這些動作完成什麼結果。一開始若沒有想清楚這些問題，你會做到一半就不知道自己要做什麼，所以此階段的設計是非常重要的。

PLC（Programmable Logic Controller）利用了專門處理序列控制的微電腦，而且因為使用了邏輯電路而能輸出、輸入數位電子訊號。PLC 內建了可執行數位 IC 運算的元件，只要將輸入輸出與電源裝置接到 PLC 的本體，即可完成配件。

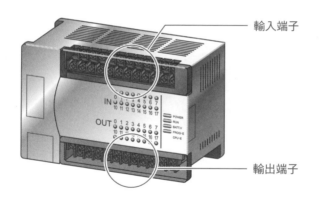

輸入端子

輸出端子

圖 24 PLC 本體

通常 PLC 會直接稱作「P」「L」「C」，而且因為是進行序列控制的裝置，所以也稱作可程式控制器。

● 序列圖與階梯圖

序列控制運作的表示方法有兩種：序列圖與階梯圖。

序列圖是在上下或左右的位置畫出兩條電源線，中間再畫出用於控制的馬達等元件，來表示電路的構成。其中，在上下位置畫電源線的圖稱為縱向序列圖，而在左右位置畫電源線的圖稱為橫向序列圖。此外，畫在上下或左右的電源線稱為**控制母線**，以R、T記號表示單相交流電，以P、N記號表示直流電。

階梯圖是以邏輯電路為基礎，記載序列圖所表示的內容，也就是在平行的兩條母線之間，以母線不連接的方式，配置接點、線圈以及各種命令的圖形。電流是從左上方流至右下方，並以此順序來進行控制的。順便一提，會稱為階梯是因為在這種圖的兩條母線之間，會有梯子一樣的圖形。

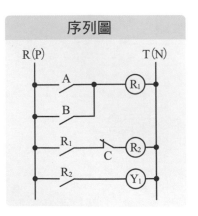

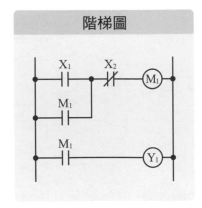

圖 25 序列圖與階梯圖

　　接著我們用階梯圖來記載序列控制吧。這裡要使用邏輯電路，所以請努力回想之前所學的內容！

　　首先，操作機器的出發點就是開關、感測器等輸入裝置。開關構造有兩種，一種為下圖的 a 接點，開關一接通，接點就會關閉（ON），電路是連通的；另一種是下圖的 b 接點，開關一接通，接點就會開啟（OFF），電路是切斷的。這些之後都會用到，所以請先記起來。

　　AND 電路是將接點串聯起來的電路，OR 電路是將接點並聯起來的電路，這兩者用下列符號記載。

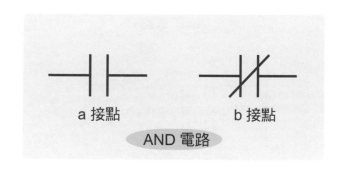

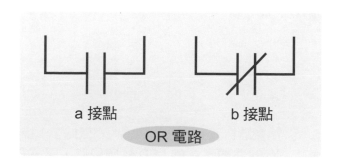

圖 26 AND 電路與 OR 電路的接點

接下來，終於要開始繪製階梯圖了！一開始將兩個輸入接點設為 X_1、X_2，一個輸出接點設為 Y_1，繪製適用於 AND 電路與 OR 電路的階梯圖。AND 電路只有兩個接點 X_1、X_2 同時開啟，Y_1 才會變成開啟狀態；另一方面，OR 電路只要 X_1、X_2 之中的任一個為開啟，Y_1 就會變成開啟狀態。請在電腦畫面上畫出來，再傳送至 PLC，確認動作是否正確。

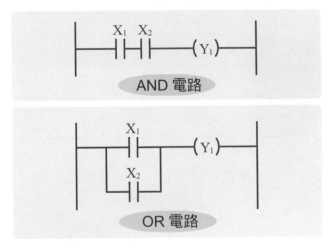

圖 27 AND 電路與 OR 電路

繪製階梯圖，傳送至 PLC……做好了！接通了 X_1、X_2 的開關，Y_1 的 LED 就會啟動，這就是 AND 電路。而 OR 電路則是接通了 X_1、X_2 之中的任一個開關，Y_1 就會啟動。

接著，若將 b 接點用在 AND 電路的 X_1 與 X_2，會變成與 OR 電路相反的輸出，稱為 **NOR 電路**，代表由 OR 電路與 NOT 電路組成的意思。而且，若將 b 接點用在 OR 電路的 X_1 與 X_2，會變成與 AND 電路相反的輸出，稱為 **NAND 電路**，代表由 AND 電路與 NOT 電路組成的意思。

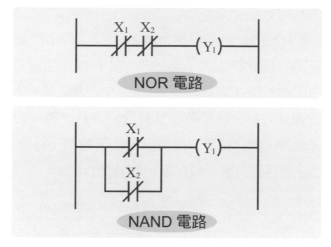

圖 28 NOR 電路與 NAND 電路

此外，序列控制常用**自保電路**。自保電路是指若輸入接點 X 開啟，輸出接點 Y 也開啟，即使輸入接點關閉，輸出接點 Y 的動作仍會繼續。這個電路中有電磁繼電器在運作，而繼電器的開啟狀態稱作**激磁**。此外，此自保電路可將 Y_1 設為關閉，將與 X_1 串聯的 X_2（b 接點）設為開啟。這種 b 接點的使用方法，會用在緊急停止的按鈕開關。

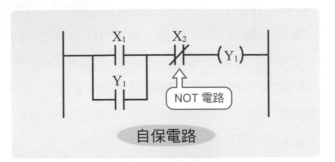

圖 29 自保電路

接下來要介紹的是**計時器**與**計數器**。為了做出序列控制的動作，計算時間的計時器是不可或缺的。很多 PLC 皆設有計時器，因此可藉由記載符號 T 與計時器號碼的方式來使用。此處的計時器接通了延遲計時器，運作機制是接收命令後經過一段時間，接點才開啟。此外，與計時器一樣可計數的計數器（符號 C），會計算啟動脈衝，當啟動脈衝一到達設定值時即作動。

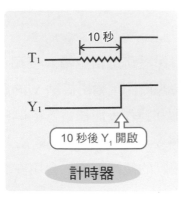

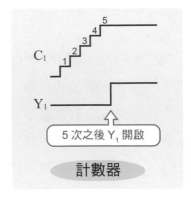

圖 30 計時器與計數器

　　要以階梯圖來表示計時器的動作，必須利用時序圖。時序圖的橫軸代表時間，縱軸代表各機器的動作。舉例來說，要做出「X_1 開啟的同時 Y_1 亦開啟；與此同時，計時器 T_1 接通、延遲致動三秒後才開啟，且 Y_2 亦開啟」的動作，則需繪製時序圖，並根據時序圖完成階梯圖。此外，階梯圖中，K 是指計時器開始致動所需的時間，此處 K1 代表 0.1 秒，K30 代表 3 秒。

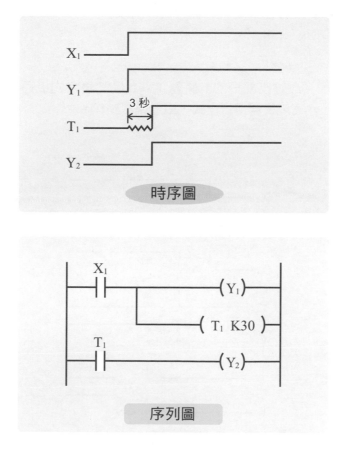

圖 31 使用計時器的動作

三個輸出 Y 以相差五秒的順序作動，且下一個動作開始時，前一個動作就結束。請繪製這種永遠只進行一個輸出動作的時序圖與序列圖。

首先來繪製時序圖吧。我先試著將輸入輸出機器與計時器動作表現出來。若輸出永遠只有一個，代表 Y_1 先動作，接著 Y_2 動作的瞬間，Y_1 就停止，所以……

Y_1 輸出部分的計時器 T_1，b 接點最好先接通。序列圖完成後再傳送程式，接著確認動作。

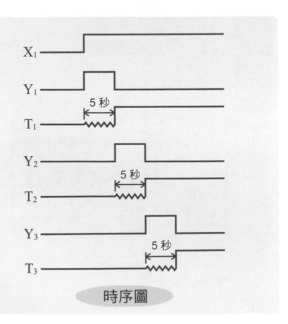

時序圖

圖 32 時序圖

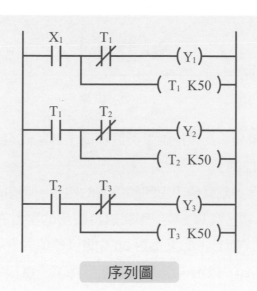

圖 33 序列圖

「喀哧、喀哧、喀哧……」

三個 LED 正好依此順序啟動。

哇！正好依照此順序啟動耶！

每個都依照順序進行，就是序列控制。

做得好！現在要先以 LED 的明滅來確認動作，利用電子訊號，馬達即能輕易啟動。雖然這次是由我提出的課題，但真正的設計必須將自己想要的動作以數值具體化呈現出來，所以請試著運用序列控制，來做出有趣的東西吧。

回饋控制

回饋控制

回饋控制就是「比較控制量與目標值，為了使兩者一致，而進行修正動作的控制」。

空調的溫度控制就是使用回饋控制的例子。請想像在冬天使用空調的情境。當室溫為 5℃，想要維持暖房的室溫在 20℃，空調就會進行升溫。而且，如果比對 20℃的目標值與實際的溫度，得出實際溫度在 20℃以上，空調就會進行降溫。這樣的動作持續進行，室溫即可維持在固定溫度。

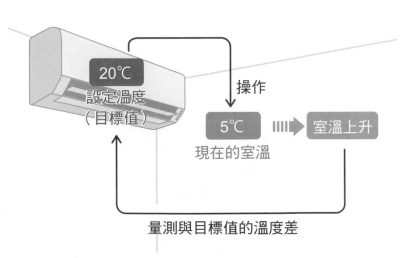

圖 34 回饋控制

　　回饋控制系統由四個部分構成，第一個是控制對象，表示操作量與控制量的關係；第二個是感測器，對應量測控制量的人的五感；第三個是致動器，對應操作者的手腳；第四個是控制器，根據控制規則發出控制訊號，並對應到人的大腦。

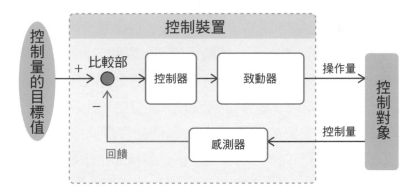

圖 35 回饋控制系統的構成

　　若想要將這個回饋系統應用在機器人手臂的角度控制，則需思考以下問題：首先，機器人的控制對象是作為控制量的角度，以及作為操作量的力；而目標值與實際值的偏差，會以角度感測器量測；作為致動器而產生動作的是馬達；控制器是電腦。

　　此外，來自外部，且會干擾控制的作用稱作**干擾**。對機器人手臂的干擾，則有重力與摩擦力等。

● 控制系統的反應

　　回饋控制系統對應到輸入訊號的輸出訊號會隨時間變化，我們將這兩者的關係稱為控制系統的**反應**或是**響應**。控制系統的輸出訊號能盡快趨近目標值，就是較佳控制，但瞬間達到目標值還不算是最佳控制。因此，事先掌握哪一種輸入訊號會得到哪一種輸出訊號是很重要的。

　　舉例來說，目標值為 5V 的控制系統，根據階梯狀的輸入波形而輸入 5V 的電壓，在輸入訊號輸入的那一瞬間，會有 5V 的輸出訊號輸出，這就是最好的控制。但實際上不會瞬間到達目標值，而會有一點時間延遲或偏離目標值的情況發生。此時，先不管需要多長的時間，只要最後落在 5V，我們就會稱此控制系統為**穩定**；反之，若永遠到達不了目標值，我們會稱此控制系統**不穩定**。

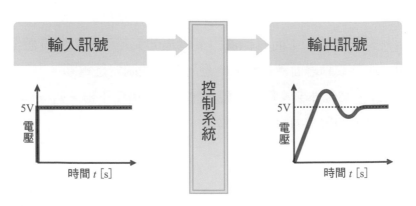

圖 36 回饋控制系統的反應

　　相對於階梯狀的輸入訊號，輸出訊號會有持續振動而無法穩定落在一固定值，或是輸出值發散的情形。這種輸出訊號超出目標值的情形稱為超越或是**過衝**（overshoot），而低於目標值的情形則稱為不足或是**下衝**（undershoot）。而且，我們會將實際溫度和目標值不一致，且上下變動的現象稱為**振盪**（Hunting）。

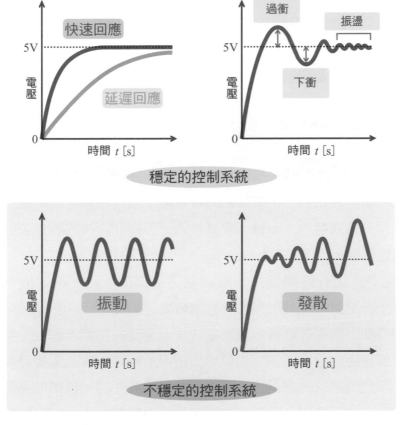

圖 37 穩定的控制系統與不穩定的控制系統

要了解回饋控制系統的特性，可輸入某些訊號至控制系統，再觀察系統的反應。代表的訊號有**單位步階訊號**與**單位斜坡訊號**。單位步階訊號是指當時間為 0，輸入為 1 的步階狀輸入訊號；單位斜坡訊號是指當時間為 0，輸入為 0 的訊號，之後會接著輸入與時間成線性函數比的輸入訊號，最後當時間為 1，則輸入為 1。

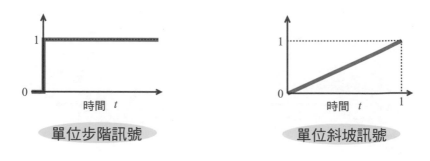

圖 38 單位步階訊號與單位斜坡訊號

請讀取為回饋控制系統輸入單位步階訊號時，輸出波形的步階訊號，這可是代表了控制系統的特性喔！輸入訊號之後所產生的特性稱為**過渡特性**，而輸入訊號經過一段時間之後的特性，則稱為**穩定特性**。

此外，**上升時間**是指步階訊號從目標值（為一穩定值）的 10% 上升至 90% 所需的時間，**延遲時間**是指到達穩定值的 50% 所需的時間，兩者都是表示控制系統快速響應的指標。而且，步階訊號到達超越穩定值的最大值過衝所需的時間，稱為**尖峰時間**，這表示控制系統的衰減性指標。到達穩定狀態時，目標值與穩定值的偏差並不是零，而是落在一定值，而我們將此穩定殘留的偏差稱為**偏移量**。

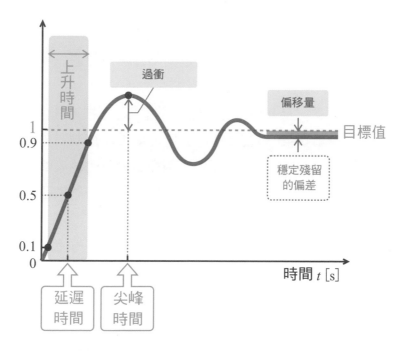

圖 39 回饋控制系統的特性

老師，控制系統的穩定與否、過渡特性與穩定特性等，雖然可以藉由曲線來表示，但是仍無法令人具體想像是什麼樣的東西被控制⋯⋯

是啊！控制系統的設計若只有數學公式，就會很抽象。但是，初學者不太懂也沒關係，請先掌握兩者的關係。這些關係在機器人的關節角度控制、室溫的溫度控制，以及壓力容器的壓力控制方面都能通用。

● PID控制

設計回饋控制必須盡可能縮短從輸入訊號變成輸出訊號（目標值）的時間，以提高反應性；或是輸出偏離目標值較少的輸出訊號，以提升穩定性。

為達此目的之最初控制理論已在一九六〇年被系統化了。這是指「以線形輸入輸出系統（傳遞函數）來表示控制對象，並達成目標動作」的控制理論，著眼於一個控制對象的輸入輸出關係，進行控制系統的設計。為了與之後出現的現代控制做區別，這種控制理論稱為**古典控制**，以 **PID 控制**為代表。

古典控制這個名稱或許會令人以為是現在不再使用的古老方式，但事實並非如此，即使是現在，PID 控制仍是產業界的主流。因此，初次學習回饋控制，最好從 PID 控制開始。

PID 控制是「根據輸出值與目標值的偏差、積分以及微分這三個要素所進行的控制」。這些控制分別稱為比例控制（P 控制）、積分控制（I 控制）、微分控制（D 控制）。此外，還有 PI 控制與 PD 控制等類型。

啊？微分、積分的控制……好難喔！

接著，我盡量以大家容易理解的方式，針對 PID 控制來說明吧。首先，當輸出值與目標值有偏差，回饋控制系統會將此偏差移除。

· **比例控制（P 控制）**

比例控制（P 控制）是指輸出值與目標值有偏差時，會以與該差值成正比的量為基礎來控制。換句話說，偏差若越來越大，操作量就會增加；若偏差越來越小，操作量就會減少。

比例控制的圖以橫軸代表時間，縱軸代表控制量，而由圖可知，一開始的振幅很大，後來會漸漸變小。比例控制會因應偏差大小來增加操作量，使之越來越接近目標值，但偏差變小時，操作量即會跟著變小，所以有時還沒準確到達目標值就會穩定下來。此差異程度稱作穩定偏差或偏移量，是不可能完全消除的。而且，如果比例控制系統突然加入較大的偏差，操作量會突然暴

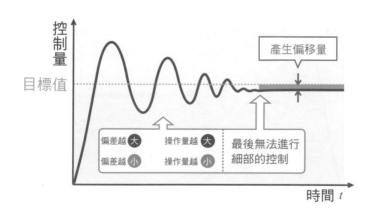

圖 40 比例控制（P 控制）

增，而超過目標值的現象稱為過衝，也是不可能完全消除的。但是有的控制系統在此階段不會產生偏差，也就是說，有許多光靠比例控制就能完成回饋控制的控制系統。

· 積分控制（I 控制）

　　積分控制（I 控制）利用累計偏差的積分，再加上偏差，並依該值的比例改變操作量，以消除比例控制所發生的穩態偏差。換句話說，相對於比例控制以現在的狀況為基礎，積分控制是用過去狀況的偏差來控制的。

　　積分控制的缺點是為了根據過去的累積量進行控制，而導致操作的時間點總是延遲。當然，對延遲也不成問題的控制系統而言，積分控制是有幫助的，但也有控制系統會因為這種延遲而損壞系統穩定性。

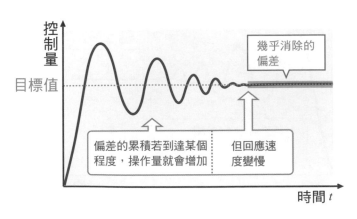

圖 41 積分控制（I 控制）

　　此外，積分控制常與比例控制合併使用，但其實可以使用合併兩者的 PI 控制（比例控制與積分控制）。使用 PI 控制就能夠比 P 控制更接近目標值，而幾乎消除偏差。

·微分控制（D 控制）

　　微分控制（D 控制）就是使用微分的控制。此微分是指每個微小單位時間的動向，具體而言，此動向是指偏差。微分控制將此偏差除以微小的單位時間，來預測將來的狀況。前面的比例控制是決定現在狀況的操作量，積分控制是決定過去狀況的操作量，而預測未來狀況以決定操作量的微分控制則更加迅速。但是，它終究是根據過去的資料來預測，因此可能預測失準而導致系統不穩定。

　　此外，我們幾乎不會單獨使用微分控制，而會使用合併微分控制與比例控制的 PD 控制，或是微分控制與比例控制或積分控制合併的 PID 控制。

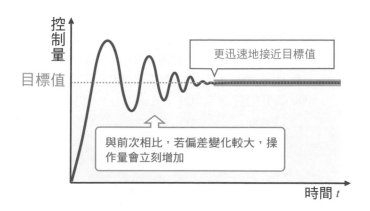

圖 42 微分控制（D 控制）

大體上，PID 控制理論即是如此。或許你會覺得很難，但實際上這些控制是電腦自動進行的，因此我們只要根據這些理論來編寫程式就可自動控制。但是，各種控制所需的參數設定（例如比例控制的係數），可以透過實驗來慢慢調整。

　　現代控制是一九六〇年以後發展出來的控制理論，它著重於可能會影響輸出的某內部變數（狀態變數）是一種狀態方程式，並以此來進行控制系統的設計。

　　現代控制使用的狀態方程式，不是一個輸入一個輸出，而是可處理多個輸入、多個輸出的控制系統。有許多 PID 控制的參數設定是根據試行錯誤來決定的，相對於此，現代控制最具代表性的最適控制理論，建立了控制系統的評價函數，並使之最小化（或最大化），以此來求出最適當的控制系統。

哎呀～好難！可是這是最基本的古典控制，若沒先記起來，就學不會現代控制這種更高程度的控制，所以請努力記起來吧！

我將來想製作機器人，雖然門檻相當高，但還是要努力！

　　我們在第2章學會了機械的運動與結構的設計，在第3章學會了支配機械動作的結構設計，而在第4章認識了金屬材料與塑膠材料，在第5章認識齒輪與螺絲等機械元件，以及開關、感測器、馬達等電子元件，在第6章學會了電子迴路的基礎與控制。

　　各位讀者透過本書學會各種設計之後，即使是簡單的設計，也請務必親自動手試做喔。而且，本書所教的只是各種高深學問的入門，因此若要進一步學習其他領域，可參考其他書籍。

　　我必須說明的是，即便學會了本書的內容，還是無法將想做的東西具體呈現，因為你還要再多學一樣，那就是製圖。以往的製圖是以手繪製作，但近年來電腦已不斷進步，從2D演變成3D的CAD已逐漸成為主流。藉由高性能的CAD，不僅能製作簡單的圖形，還能製作結構設計、機構設計的複雜設計圖。別說機械設計有專門的CAD，連電子迴路設計也有專門的CAD。讀者必須取得軟體，用電腦學習操作方式。

　　此外，你還必須具備依照設計圖的尺寸，進行材料加工的能力。當然，不是所有元件都要親手製作，那些無法用身邊現有的工作機械來加工的物體，可以向外部廠商訂貨，但可能的話，最好還是自己加工自己設計的物體。所以你必須記住機械加工的種類，進一步掌握機械操作的技能。雖然這些技能需要不斷練習，才會熟能生巧，但近年來已有物品製作是利用數位完成的，所以你可透過學習操作軟體，來完成2D或3D的物品製作。

　　市面上與本書相關的書籍已為數眾多，即便如此，我今後仍想繼續籌備相關內容的著作，以作為本書的續集。

我覺得只要有「好想做出這樣的東西」的強烈渴望，每個人都能一步步思考「具體而言，要做出怎樣的設計？」「用什麼材料？」「採用什麼加工方法？」每次想設計機械時，都要思考這些問題。先有系統地學到某種程度，在這些知識與技能的基礎上，再掌握新的知識與技能，最後即可學好機械設計。

　　一般來說，必須就讀機械系，才能學習金屬加工等製作技術，但近年來世界各地已出現FabLab等組織，請有興趣的人務必透過這些組織舉辦的短期課程或工作坊（workshop）學習物品製作。

門田和雄

索引

國家圖書館出版品預行編目資料

3小時讀通基礎機械設計/門田和雄著;陳怡靜譯.
-- 二版. -- 新北市:世茂出版有限公司, 2021.10
　　面;　　公分. -- (科學視界;256)
譯自:基礎から　ぶ機械設計:キカイをつくっ
て動かす　践的ものづくり　の設計編
　ISBN 978-986-5408-64-0(平裝)

　1. 機械設計

446.19　　　　　　　　　　　110013327

科學視界256

【新裝版】3小時讀通基礎機械設計

作　　者/門田和雄
審 訂 者/劉霆
譯　　者/陳怡靜
主　　編/楊鈺儀
責任編輯/陳美靜
封面設計/LEE
出 版 者/世茂出版有限公司
地　　址/(231)新北市新店區民生路19號5樓
電　　話/(02)2218-3277
傳　　真/(02)2218-3239（訂書專線）
劃撥帳號/19911841
戶　　名/世茂出版有限公司
　　　　　單次郵購總金額未滿500元（含），請加80元掛號費
世茂網站/www.coolbooks.com.tw
排版製版/辰皓國際出版製作有限公司
印　　刷/辰皓國際出版製作有限公司
二版一刷/2021年10月
二版二刷/2023年10月

I S B N/978-986-5408-64-0
定　　價/320元

KISO KARA MANABU KIKAISEKKEI
Copyright © 2013 Kazuo Kadota
Chinese translation rights in complex characters arranged with
SB Creative Corp.,Tokyo
through Japan UNI Agency, Inc., Tokyo and Future View Technology Ltd., Taipei

Printed in Taiwan

請沿虛線剪下裝訂寄回，謝謝！

讀 者 回 函 卡

感謝您購買本書，為了提供您更好的服務，歡迎填妥以下資料並寄回，我們將定期寄給您最新書訊、優惠通知及活動消息。當然您也可以E-mail：service@coolbooks.com.tw，提供我們寶貴的建議。

您的資料（請以正楷填寫清楚）

購買書名：＿＿＿＿＿＿＿＿＿＿＿＿＿＿＿＿＿＿＿＿＿＿＿

姓名：＿＿＿＿＿＿＿＿　生日：＿＿＿年＿＿月＿＿日

性別：□男 □女　　E-mail：＿＿＿＿＿＿＿＿＿＿＿＿＿

住址：□□□＿＿＿＿縣市＿＿＿＿＿鄉鎮市區＿＿＿＿＿路街
＿＿＿段＿＿＿巷＿＿＿弄＿＿＿號＿＿＿樓

聯絡電話：＿＿＿＿＿＿＿＿＿＿＿＿＿＿＿

職業：□傳播 □資訊 □商 □工 □軍公教 □學生 □其他：＿＿＿

學歷：□碩士以上 □大學 □專科 □高中 □國中以下

購買地點：□書店 □網路書店 □便利商店 □量販店 □其他：＿＿

購買此書原因：＿＿ ＿＿ ＿＿ ＿＿ ＿＿（請按優先順序填寫）
1封面設計　2價格　3內容　4親友介紹　5廣告宣傳　6其他：＿＿＿＿

本書評價：＿＿ 封面設計 1非常滿意 2滿意 3普通 4應改進
＿＿ 內　容 1非常滿意 2滿意 3普通 4應改進
＿＿ 編　輯 1非常滿意 2滿意 3普通 4應改進
＿＿ 校　對 1非常滿意 2滿意 3普通 4應改進
＿＿ 定　價 1非常滿意 2滿意 3普通 4應改進

給我們的建議：＿＿＿＿＿＿＿＿＿＿＿＿＿＿＿＿＿＿＿＿＿
＿＿＿＿＿＿＿＿＿＿＿＿＿＿＿＿＿＿＿＿＿
＿＿＿＿＿＿＿＿＿＿＿＿＿＿＿＿＿＿＿＿＿

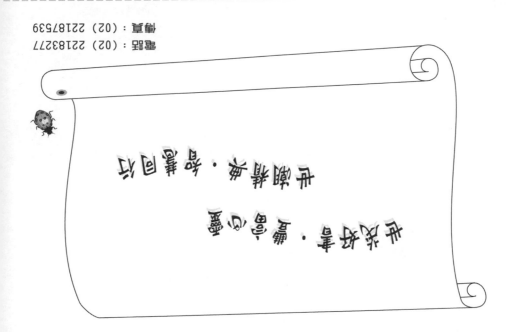

傳真：(02) 22187539
電話：(02) 22183277

免費贈品‧新書資訊
尖端科學‧輕鬆閱讀

廣告回函
北區郵政管理局登記證
北台字第9702號
免貼郵票

231新北市新店區民生路19號5樓

世茂
世潮 出版有限公司 收
智富